数字化设计与制造领域人才培养系列教材
高等职业教育系列教材

CAPP 数字化工艺设计

组　编　北京数码大方科技股份有限公司
主　编　祝勇仁　蒋立正　李长亮
副主编　颜　颖　张　磊　许妍妩　陈寿霞
参　编　赵　崽　黄绍格　赵剑波　黄　鹏
　　　　宋　扬　侯晓栋

机械工业出版社

本书以职业院校学生在制造业数字化转型背景下对工艺应用的职业技能需求为出发点，以 CAXA CAPP 软件（工艺图表和工艺汇总表）为载体，设计了企业应用实例，对 CAPP 的基本应用进行了详细讲解，使读者对 CAPP 软件在数字化工艺设计中的应用有相对全面的理解。

　　本书主要讲解了如何应用 CAXA CAPP 软件进行工艺卡片的编制、工艺模板定制、工艺汇总，体现了 CAPP 应用从简单到复杂的循序渐进的过程，有助于读者较好地理解和掌握 CAPP 工艺图表和汇总表的相关知识点，提高工艺设计和工艺数据管理能力。最后通过一个包含全部典型工作内容的综合实训，帮助读者提高对这些知识点融会贯通、熟练应用的能力。

　　本书可作为职业院校机械类专业的相关课程教材，也可作为高等院校的工程训练教材，同时可作为制造企业工艺设计、生产管理等工程技术人员及 CAXA CAPP 用户的技术参考用书或培训教材。

　　本书配有动画、视频等资源，可扫描书中二维码直接观看，还配有授课电子课件、习题答案等，需要的教师可登录机械工业出版社教育服务网 www.cmpedu.com 免费注册后下载，或联系编辑索取（微信：13261377872，电话：010-88379739）。

图书在版编目（CIP）数据

CAPP 数字化工艺设计 / 北京数码大方科技股份有限公司组编；祝勇仁，蒋立正，李长亮主编．—北京：机械工业出版社，2022.9（2025.6 重印）
数字化设计与制造领域人才培养系列教材　高等职业教育系列教材
ISBN 978-7-111-71530-6

Ⅰ．①C…　Ⅱ.①北…②祝…③蒋…④李…　Ⅲ.①机械制造工艺-计算机辅助设计-高等职业教育-教材　Ⅳ.①TH162

中国版本图书馆 CIP 数据核字（2022）第 162705 号

机械工业出版社（北京市百万庄大街22号　邮政编码100037）
策划编辑：曹帅鹏　　责任编辑：曹帅鹏　赵小花
责任校对：张艳霞　　责任印制：常天培
河北虎彩印刷有限公司印刷
2025年6月第1版·第7次印刷
184mm×260mm·10.75 印张·262 千字
标准书号：ISBN 978-7-111-71530-6
定价：49.00 元

电话服务　　　　　　　　　　　　网络服务
客服电话：010-88361066　　　　　机　工　官　网：www.cmpbook.com
　　　　　010-88379833　　　　　机　工　官　博：weibo.com/cmp1952
　　　　　010-68326294　　　　　金　书　网：www.golden-book.com
封底无防伪标均为盗版　　　　　机工教育服务网：www.cmpedu.com

Preface 前 言

"十三五"期间,制造企业积极向数字化、网络化方向发展,新一代信息技术应用、模式创新成效明显,在数字化工艺层面,39%的企业应用 CAPP 对产品设计和工艺设计数据进行了结构化管理与归档。《"十四五"智能制造发展规划》中明确指出,要立足制造本质,紧扣智能特征,以工艺、装备为核心,以数据为基础,依托制造单元、车间、工厂、供应链等载体,构建虚实融合、知识驱动、动态优化、安全高效、绿色低碳的智能制造系统,推动制造业实现数字化转型、网络化协同、智能化变革。

作为连接设计与生产、产品与管理的纽带以及 CIMS、MRPII、ERP 和 PLM 系统重要技术基础之一的 CAPP 技术,是数字化设计与制造的一项关键支撑技术。普及应用和学习掌握 CAPP 技术成为当前制造业信息化进程中的一个新的热点。本书的编写目的是提高机械类乃至近机类专业学生的 CAPP 实际应用能力,普及、推广、应用 CAPP 技术。

工业软件是 CAPP 技术应用的载体,是工业企业数字化、网络化和智能化以及制造业高质量发展的重要支撑。在制造强国战略背景下,我国工业软件产业发展相对滞后的现状,正在成为我国由制造大国向制造强国迈进的主要瓶颈,其攻克的必要性毋庸置疑。党的二十大报告指出"加快实现高水平科技自立自强"。长期以来,我国十分重视国产工业软件的发展,大力推进自主工业软件体系化发展和产业化应用。2021 年,科技部发布《关于对"十四五"国家重点研发计划首批 18 个重点专项 2021 年度项目申报指南征求意见的通知》,工业软件首次入选国家重点研发计划重点专项;同年,工信部、科技部等六部门联合印发《关于加快培育发展制造业优质企业的指导意见》,提出推动产业数字化发展,大力推动自主可控工业软件推广应用,提高企业软件化水平。以 CAXA 数码大方为代表的国产工业软件技术企业在政府、研究机构及产业企业等各方的共同支持下,聚焦工业软件核心关键技术研发,加强工业软件研发及应用人才培养,助力实现对国外先进工业软件的追赶和超越,支持国产工业软件产业发展壮大,做到核心技术自主可控,保障工业安全与国家安全。

CAXA CAPP 是集工艺设计、管理为一体的解决方案,为企业级工艺业务管理、工艺数据管理和工艺设计提供了强大的支撑平台,可以帮助企业提高工艺设计和管理工作的效率和质量,缩短工艺准备周期,提高工艺设计的标准化、规范化程度;以产品结构为核心,集中管理产品生命周期中的工艺数据及工艺设计和更改过程,保证企业工艺信息的准确性、一致性和完整性;为企业、个人以及外来先进工艺知识提供知识积累机制,从而不断提高企业的整体工艺设计水平,缓解工艺人员短缺和培养周期长的问题;通过对工艺的结构化管理,实现与 CAD、PLM、ERP 等系统的有效集成,可以向企业运行管理环节提供各类有效工艺数据，并可根据业务流程控制工艺信息的分发和流转，实现与产品设计部门及企业其他部门完全同步的工程更改控制。

本书以职业院校学生对工艺应用的职业技能需求为出发点进行项目式设计编排，能够让学生尽快掌握 CAXA CAPP 软件（CAXA 工艺图表和工艺汇总表）的常用功能，以达到工作岗位的要求。本书对 CAPP 软件的一些高级应用也做了相应的示例说明，对于没有在项目中体现的相关知识点，通过技巧提示的方式给出，达到举一反三的效果，使学生对 CAXA CAPP 软件的应用有相对全面的理解。

本书项目根据企业的实际工艺应用进行组织，具有一定的针对性。项目 4 设置了一个包含全部项目工作内容的综合实训，帮助学生提高对知识点融会贯通、熟练应用的能力。本书从应用 CAXA CAPP 软件进行工艺规程文件编写，到根据企业应用的实际模板进行工艺模板定制，再到最后的工艺数据汇总，体现了 CAPP 应用从简单到复杂的循序渐进的过程，有助于学生较好地理解和掌握 CAXA CAPP 工艺图表、汇总表的相关知识点，提高工艺设计和工艺数据管理能力。具体来说，本书通过结合具体应用实例，系统讲解了工艺卡片的编制、工艺模板定制、工艺汇总等内容。

本书是浙江机电职业技术学院"十三五"优势专业建设重点培育项目建设成果，是机械类专业核心课程的教材。本书由浙江机电职业技术学院祝勇仁、蒋立正和 CAXA 数码大方李长亮主编，江西制造职业技术学院、武汉软件工程职业学院、贵州装备制造职业学院等院校相关专业教师参与了本书的编写工作。本书的完成也得到了黄河水利职业技术学院、淄博职业学院、陕西国防工业职业技术学院、四川工程职业技术学院、南京机电职业技术学院、广东工程职业技术学院、眉山职业技术学院、菏泽职业学院、临沂职业学院、广西工业技师学院相关专业教师的指导与帮助，在此一并表示感谢。

由于编者水平有限，时间仓促，书中错误在所难免，诚请广大读者批评指正。

编　者

目 录 Contents

前言

项目 1　传动轴机械加工工艺规程编制 ················· 1

任务 1.1　创建文件 ················· 12
1.1.1　认识工艺规程文件 ················ 12
1.1.2　新建工艺规程文件 ················ 13

任务 1.2　工艺过程卡片填写 ············· 14
1.2.1　表头信息填写 ·················· 14
1.2.2　内容信息填写 ·················· 16
1.2.3　基于知识库的填写 ············· 21

任务 1.3　工序卡片编制 ················· 24
1.3.1　工艺卡片树创建 ················ 24
1.3.2　工序卡片信息输入 ············· 27
1.3.3　工序图绘制 ····················· 27

任务 1.4　文件操作 ····················· 29
1.4.1　文件模板修改 ·················· 29
1.4.2　文件打印输出 ·················· 35

【习题】 ························· 37

项目 2　连接螺母工艺模板定制 ················· 39

任务 2.1　工艺卡片绘制 ················· 53
2.1.1　新建卡片模板 ·················· 53
2.1.2　卡片绘制 ······················· 54

任务 2.2　工艺卡片模板定义 ············· 57
2.2.1　单元格信息定义 ················ 57
2.2.2　列定义 ························· 57
2.2.3　续列定义 ······················· 58
2.2.4　域规则定义 ····················· 59
2.2.5　知识库定义 ····················· 60
2.2.6　表区定义 ······················· 62
2.2.7　其他卡片模板定义 ············· 64

任务 2.3　工艺模板集定义 ············· 64
2.3.1　新建模板集 ····················· 64
2.3.2　指定卡片模板 ·················· 65
2.3.3　公共信息定义 ·················· 67
2.3.4　页码编排规则定义 ············· 67
2.3.5　默认名称规则定义 ············· 68

任务 2.4　用自定义模板进行工艺规程文件编制 ············· 69
2.4.1　创建文件 ······················· 69
2.4.2　模板共享 ······················· 70

任务 2.5　汇总卡片定义 ················· 71
2.5.1　向模板集中添加汇总卡片 ····· 71
2.5.2　工序名称汇总 ·················· 78

【习题】 ························· 81

v

项目 3　航空杯注射模工艺汇总　82

任务 3.1　数据导入　82
- 3.1.1　连接数据库　83
- 3.1.2　导入图纸　84
- 3.1.3　导入工艺　86

任务 3.2　数据汇总　87
- 3.2.1　标准件汇总　87
- 3.2.2　零件分类汇总　103
- 3.2.3　工时定额汇总　111
- 3.2.4　工时定额明细汇总　116
- 3.2.5　加工工艺路线汇总　124
- 3.2.6　工序成本汇总　130
- 3.2.7　设备成本汇总　137

【习题】　144

项目 4　口罩成型机工艺编制汇总综合实训　145

任务 4.1　任务书　145
- 4.1.1　实训目的　145
- 4.1.2　主要任务　146
- 4.1.3　实训内容　146
- 4.1.4　应完成和提交的文件　146
- 4.1.5　任务安排　146
- 4.1.6　答辩和资料提交　147
- 4.1.7　成绩评定　147

任务 4.2　口罩成型机工艺编制　147
- 4.2.1　标题栏、明细栏定义填写　147
- 4.2.2　工艺模板定制　153
- 4.2.3　工艺规程文件编制　160
- 4.2.4　工艺规程文件数据录入　160
- 4.2.5　工艺规程文件汇总输出　160

【习题】　162

参考文献　164

项目 1　传动轴机械加工工艺规程编制

教学目标

知识目标：
1. 掌握工艺规程的概念、内容及其相互关系。
2. 掌握工艺规程编制的基本流程。
3. 了解工艺知识库的概念和知识重用方法。
4. 熟悉工艺规程文件的结构和所包含的常规信息。
5. 了解图纸打印的方法。

能力目标：
1. 掌握工艺规程文件的分析和优化方法，区别不同工艺卡片间的层级关系。
2. 掌握利用系统模板进行工艺规程文件编制。
3. 熟练掌握工艺卡片树创建、工序卡片和附页卡片添加、工艺卡片填写、行记录操作以及特殊符号输入等操作。
4. 完成各工序图的绘制，并符合工序图的制图要求。
5. 能根据所提供工艺规程文件与系统模板的差异局部修改系统模板，生成所需的工艺规程文件并打印输出。

素养目标：
1. 养成规范化编制工艺规程文件的习惯，形成良好的职业素养。
2. 建立对新技术良好的认知能力和严谨踏实的工作作风。
3. 养成使用数字化工程工具解决工艺数字化编制问题的习惯。

项目分析

表 1-1～表 1-10 所示为 GH1640 车床中 V 轴零件的机械加工工艺规程。机械加工工艺过程卡片包含 5 个工序，见表 1-1，其中工序三"车"有多个加工工步，见表 1-2～表 1-10。该工艺含两种卡片，即机械加工工艺过程卡片和机械加工工序卡片，因此应创建卡片树，添加相应的卡片，利用系统预定义模板创建工艺规程文件，最后根据文件格式局部修改系统模板，完成文件编制和打印输出。

表1-1 机械加工工艺过程卡片

机械加工工艺过程卡片			产品型号	GH1640	零件图号	30214A	共 页	第 页
			产品名称	φ32×190	零件名称	V轴		
材料牌号	45	毛坯种类	圆钢	毛坯外形尺寸	φ32×190	每毛坯可制件数	每台件数 1	备注
工序号	工序名称	车间	工段	设备	工序内容		工艺装备	工序工时（准终/单件）
一	下料	铸	锻		φ32×190			
二	热	金	热		热处理：T235（调质后的硬度为235HBW）			
三	车	金		CL6140	1. 车两端面至总长186mm，钻两端中心孔A2.5 2. 用一夹一顶装夹，粗车各档外圆，留余量1～1.5mm 3. 用二顶尖装夹工件，车各档外圆及螺纹至图		φ2.5中心钻，φ1～φ13钻夹头 45°端面车刀，90°外圆车刀 2mm切槽刀，60°螺纹车刀 0～2mm游标卡尺，0～200mm直尺 0～25mm螺旋千分尺，M24×2mm螺规 活动顶尖，死顶尖，拨盘，鸡心夹头 垫刀块若干，划针，螺纹对刀板	
四	检				综合检查			
五	入库				清洗干净，涂上防锈油，入库			
					设计（日期）	审核（日期）	标准化（日期）	会签（日期）
标记	处数	更改文件号	签字	日期	标记	处数	更改文件号	签字	日期

表1-2 机械加工工序卡片（第一工步）

机械加工工序卡片		产品型号	GH1640	零件图号	30214A		共 9 页	第 1 页
		产品名称	普通车床	零件名称	V 轴		材料编号	45
		车间	工种	工序号	工序名称	毛坯外形尺寸		每台件数
		金	下料件	三	车	φ32×190		1
		毛坯种类	设备名称	设备型号	设备编号		每毛坯可制件数	同时加工件数
		下料件	普通车床	CL6140	027-05		1	1
				夹具编号	夹具名称		切削液	
				工位器具编号	工位器具名称		工序工时	
							终准 单件	
工步号	工步内容		工艺设备		主轴转速 t/min	切削速度 m/min	进给量 mm/r	切削深度 mm	进给次数	工步工时 机动 辅助
1	用0~200mm的游标卡尺检查毛坯外圆及长度是否与工艺要求一致，外圆为φ32，长度为190mm		0~200mm游标卡尺							
2	用自定心卡盘夹工件毛坯外圆，夹出长度30									
	a. 通过目测车一端面毛坯2mm的余量		45°平面车刀		750	75	0.30	2		
	b. 车φ28×15工艺搭子		90°外圆车刀		750	75	0.30	2		
	c. 钻A2.5中心孔		2.5A型中心钻，φ1~φ13钻夹头		750	12	0.20			
			设计(日期)	审核(日期)	标准化(日期)		会签(日期)			
标记	处数	更改文件号	签字	日期	标记	处数	更改文件号	签字	日期

表 1-3 机械加工工序卡片（第二工步）

机械加工工序卡片		产品型号	GH1640	零件图号		30214A		共 9 页	第 2 页
		产品名称	普通车床	零件名称		V 轴		材料牌号	45
车间	工序号	工序名称		毛坯外形尺寸			每毛坯可制件数	每台件数	同时加工件数
金工	三	车		φ32×190			1	1	1
毛坯种类	设备名称	设备型号		设备编号		夹具名称	夹具编号	切削液	
下料件	普通车床	CL6140		027-05					
				工位器具编号		工位器具名称		工序工时	
								终准	单件

工艺设备：0~200mm直尺 粉笔 划针 45°平面车刀，0~200mm游标卡尺 2.5A型中心钻，φ1~φ13钻夹头

工步号	工步内容	工艺设备	主轴转速 r/min	切削速度 m/min	进给量 mm/r	切削深度 mm	进给次数	工步工时	
								机动	辅助
	用粉笔在未加工端外圆上涂上白色的标记，用0~200mm的钢直尺测量长度，在186mm位置用划针划出长度记号								
3	用自定心卡盘夹外圆，车端面至总长186mm		750	75	0.30	2			
4	按划线记号，车端面至总长186mm 钻A2.5中心孔		750	12	0.10				

			设计(日期)	审核(日期)	标准化(日期)	会签(日期)			
描图									
描校									
底图号									
装订号									
标记	处数	更改文件号	签字	日期	标记	处数	更改文件号	签字	日期

图中标注：A2.5中心孔 Ra 6.3；Ra 12.5；长度 186

表1-4 机械加工工序卡片(第三工步)

机械加工工序卡片		产品型号	GH1640	零件图号		工序号	三	工序名称	车	车间	金 工	共 9 页 第 3 页	
		产品名称	普通车床	零件名称	V	毛坯外形尺寸	φ32×190			毛坯种类	下料件	材料牌号	45
					30214A					设备名称	普通车床	设备型号	CL6140	设备编号	027-05	每毛坯可制件数	1	每台件数	1
								夹具编号		夹具名称		工位器具编号		工位器具名称		切削液		同时加工件数	1
																工序工时		终准 单件
工步号	工步内容									工艺设备		主轴转速 r/min	切削速度 m/min	进给量 mm/r	切削深度 mm	进给次数	工步工时	
																	机动	辅助
5	在主轴莫氏6号锥孔中装上图中双点画线所示的定位装置(根据需要可调整03号螺杆的长短,并用02号螺母锁紧)									自制定位夹具一副								
6	用自定心卡盘夹φ25外圆,另一端用顶尖顶住									顶尖一件,0~200mm游标卡尺								
	a.车φ26、φ30外圆至工序图									90°外圆车刀		750	62	0.4	3	1		
	b.车φ21、φ25外圆至工序图											750	50	0.4	2.5	2		
										设计(日期)	审核(日期)	标准化(日期)		会签(日期)				
描 图																		
描 校																		
底图号										标记	处数	更改文件号	签字	日期	标记	处数	更改文件号	签字	日期
装订号																		

表1-5 机械加工工序卡片(第四工步)

机械加工工序卡片		产品型号	GH1640	零件图号		30214A			共 9 页	第 4 页
		产品名称	普通车床	零件名称		V 轴			材料牌号	45
			车间	工序号	工序名称				每台件数	1
			金工	三	车				同时加工件数	1
			毛坯种类	毛坯外形尺寸	每毛坯可制件数				切削液	
			下料件	φ32×190	1					
			设备名称	设备型号	设备编号				工序工时	
			普通车床	CL6140	027-05				准终 单件	
			夹具编号	夹具名称	工位器具编号	工位器具名称			工步工时	
									机动 辅助	
工步号	工步内容		工艺设备	主轴转速 r/min	切削速度 m/min	进给量 mm/r	切削深度 mm	进给次数		
7	用自定心卡盘夹住左端φ21外圆，台阶面贴实，右端用顶尖顶住中心孔 a.车φ26外圆至工序图 b.车φ21外圆至工序图		90°外圆车刀	750 750	62 50	0.4 0.4	3 2.5	1 2		
				设计(日期)	审核(日期)	标准化(日期)	会签(日期)			
描图										
描校										
底图号										
装订号										
	标记 处数 更改文件号 签字 日期 标记 处数 更改文件号 签字 日期									

表1-6 机械加工工序卡片（第五工步）

机械加工工序卡片		产品型号	GH1640	零件图号		V	工序号	三	工序名称	车	车间	金工	共9页	第5页
		产品名称	普通车床	零件名称		轴							材料牌号	45
											毛坯种类	下料件	毛坯外形尺寸	φ32×190	每毛坯可制件数	1	每台件数	1
											设备名称	普通车床	设备型号	CL6140	设备编号	027-05	同时加工件数	1
											夹具编号				夹具名称		切削液	
											工位器具编号				工位器具名称		工序工时	
																	终准	单件
工步号	工步内容								工艺设备			主轴转速 r/min	切削速度 m/min	进给量 mm/r	切削深度 mm	进给次数	工步工时	
																	机动	辅助
8	将一外圆加工后为φ25左右，长度约80mm的圆柱棒夹在自定心卡盘上，夹出长度约30mm																	
9	将小刀架按逆时针方向转动30°，将卡盘上的圆柱棒车成60°的顶尖								17-19呆扳手 90°外圆车刀									
10	将尾架套筒的锥孔擦净，装上顶尖								60°顶尖（死顶尖或活动顶尖任选）									
11	φ20部位，用鸡心夹头夹装夹，车两处退刀槽至工序图								鸡心夹头									
									设计（日期）	审核（日期）	标准化（日期）				会签（日期）			
标记	处数	更改文件号	签字	日期	标记	处数	更改文件号	签字	日期									

表1-7 机械加工工序卡片(第六工步)

机械加工工序卡片		产品型号	GH1640	零件图号	30214A			共 9 页	第 6 页
		产品名称	普通车床	零件名称	V 轴			材料牌号	45
		车间	金工	工序号	三	工序名称	车	每台件数	1
		毛坯种类	下料件	毛坯外形尺寸	φ32×190	每毛坯可制件数	1	同时加工件数	1
		设备名称	普通车床	设备型号	CL6140	设备编号	027-05	切削液	
				夹具编号		夹具名称		工序工时	
				工位器具编号		工位器具名称		终准	单件
		工艺设备			主轴转速 r/min	切削速度 m/min	进给量 mm/r	切削深度 mm	进给次数	工步工时
										机动	辅助
工步号	工步内容										
12	φ20部位,用鸡心夹头装夹,车三处退刀槽至工序图	2mm切槽刀 60°顶尖(死顶尖或活动顶尖任选) 鸡心夹头			750	62	0.2	0.5			
				设计(日期)	审核(日期)	标准化(日期)	会签(日期)				
标记	处数	更改文件号	签字	日期	标记	处数	更改文件号	签字	日期		

表 1-8 机械加工工序卡片（第七工步）

机械加工工序卡片		产品型号	GH1640	零件图号	30214A		共 9 页	第 7 页
		产品名称	普通车床	零件名称	V 轴		材料牌号	45
		车间	工序号	工序名称	每毛坯可制件数	每台件数
		金 工	三	车	1	1
		毛坯种类	毛坯外形尺寸	设备型号	设备编号	同时加工件数
		下料件	φ32×190	CL6140	027-05	1
		设备名称	夹具编号	夹具名称		切削液
		普通车床				
		工位器具编号		工位器具名称		工序工时
						终准	单件
工步内容	工艺设备	主轴转速 r/min	切削速度 m/min	进给量 mm/r	切削深度 mm	进给次数	工步工时
							机动	辅助
工步号								
13	φ20部位，用鸡心夹头装夹，车M24×2-6g螺纹至工序图	60°螺纹车刀 对刀板 鸡心夹头 M24×2螺规	105			1.1 0.5 0.1		
		设计(日期)	审核(日期)	标准化(日期)	会签(日期)			
标记	处数	更改文件号	签字	日期	标记	处数	更改文件号	日期
描 图								
描 校								
底图号								
装订号								

表 1-9 机械加工工序卡片（第八工步）

机械加工工序卡片		产品型号	GH1640	零件图号	30214A		共 9 页	第 8 页
		产品名称	普通车床	零件名称	轴	材料牌号	45	
		车间	金工	工序号	三	工序名称	车	每台件数 1
		毛坯种类		毛坯外形尺寸	φ32×190	每毛坯可制件数	1	同时加工件数 1
		设备名称	下料件	设备型号	CL6140	设备编号	027-05	切削液
		夹具编号	普通车床	夹具名称		工位器具名称		工序工时 终准 单件
		工位器具编号						工步工时 机动 辅助
工步号	工步内容		工艺设备		主轴转速 r/min	切削速度 m/min	进给量 mm/r	切削深度 mm	进给次数
14	用鸡心夹头装夹，半精车右端各档，顶尖，留余量0.10~0.15mm		90°外圆车刀，YT15-313刀片		750	62	0.2	0.5	1
15	同11装夹，精车右端各档至工序图		90°外圆车刀，YT15-313刀片		750	50	0.1	0.05	1

工序图：$\phi 25_{-0.052}^{0}$，83，12，$20_{-0.016}^{0}$

		设计（日期）	审核（日期）	标准化（日期）	会签（日期）
标记	处数	更改文件号	签字	日期	
标记	处数	更改文件号	签字	日期	

描图　描校　底图号　装订号

表 1-10 机械加工工序卡片（第九工步）

机械加工工序卡片		产品型号	GH1640	零件图号	30214A		共 9 页	第 9 页
		产品名称	普通车床	零件名称	V 轴		材料牌号	45

	车间	工序	工序号	工序名称	设备名称
	金 工	三		车	

毛坯种类	毛坯外形尺寸	每毛坯可制件数	每台件数
下料件	φ32×190		1

设备名称	设备型号	设备编号	同时加工件数
普通车床	CL6140	027-05	1

夹具编号	夹具名称		切削液

工位器具编号	工位器具名称	工序工时
		终准 单件

工步号	工 步 内 容	工 艺 设 备	主轴转速 r/min	切削速度 m/min	进给量 mm/r	切削深度 mm	进给次数	工步工时 机动 辅助
16	左端φ20部位垫铜皮，并用鸡心夹头装夹，半精车右端各档，其余档留余量0.10～0.15mm	90°外圆车刀，YT15-313刀片	750	62	0.2	0.5		
17	同16装夹，精车右端各档至工序图	90°外圆车刀，YT15-313刀片	750	50	0.1	0.05		

	设计(日期)	审核(日期)	标准化(日期)	会签(日期)

标记	处数	更改文件号	签字	日期	标记	处数	更改文件号	签字	日期

任务 1.1 创建文件

1.1.1 认识工艺规程文件

常用术语释义如下。

1. 工艺规程

工艺规程是组织和指导生产的重要工艺文件,一般来说,工艺规程应该包含工艺过程卡片与工序卡片,以及首页、附页、汇总卡片、质量跟踪卡片等。

1-1 创建文件

在 CAXA CAPP 工艺图表中,可根据需要定制工艺规程模板,通过工艺规程模板把所需的各种工艺卡片模板组织在一起,其中,必须指定其中的一张卡片为工艺过程卡片,各卡片之间可指定公共信息。

利用定制好的工艺规程模板新建工艺规程,系统自动进入工艺过程卡片的填写界面。工艺过程卡片是整个工艺规程的核心。应首先填写工艺过程卡片的工序信息,然后通过其行记录创建工序卡片,并为工艺过程卡片添加首页和附页,创建汇总卡片、质量跟踪卡片等,从而构成一个完整的工艺规程。

工艺规程的所有卡片填写完成后存储为工艺文件(*.cxp)。

图 1-1 所示为一个典型工艺规程的结构图。

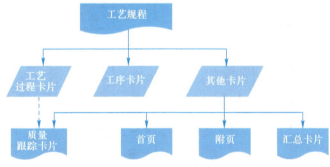

图 1-1 工艺规程的结构图

2. 工艺过程卡片

按工序的顺序来简要描述工件的加工过程或工艺路线的工艺文件称为工艺过程卡片,每一道工序可能会对应一张工序卡片,对该道工序进行详细的说明。在工艺不复杂的情况下,可以只编写工艺过程卡片。

在 CAXA CAPP 工艺图表中,工艺过程卡片是工艺规程的核心卡片,有些操作只对工艺过程卡片有效,如利用行记录生成工序卡片、利用汇总卡片统计工艺信息等。建立一个工艺规程时,首先填写工艺过程卡片,然后从工艺过程卡片生成各工序的工序卡片,并添加首页、附页等其他卡片,从而构成完整的工艺规程。

3. 工序卡片

工序卡片用来详细描述一道工序的加工信息,它和工艺过程卡片上的工序记录相对应。工序卡片一般具有工艺附图，并详细说明该工序每个工步的加工内容、工艺参数、操作要求和工艺设备等。

如果新建一个工艺规程，那么工序卡片只能由工艺过程卡片生成，并保持与工艺过程卡片的关联。

4. 公共信息

在一个工艺规程之中，各卡片有一些相同的填写内容，如产品型号、产品名称、零件代号、零件名称等，在 CAXA CAPP 工艺图表中，可以将这些内容定制为公共信息，当填写或修改某一张卡片的公共信息时，其余的卡片将自动更新。

制定工艺规程时常见的文件类型见表 1-11。

表 1-11　常见文件类型说明

序号	文件类型	说明
1	exb	CAXA CAD 电子图板文件。在工艺图表的图界面中绘制的图形或表格，保存为*.exb 文件
2	cxp	CAXA CAPP 工艺文件。填写完毕的工艺规程文件保存为*.cxp 文件
3	txp	CAXA CAPP 工艺卡片模板文件。存储在安装目录的 Template 文件夹中

1.1.2　新建工艺规程文件

双击图 1-2 所示桌面快捷图标启动 CAXA CAPP 工艺图表，打开 CAXA 工艺图表软件。

图 1-2　CAXA CAPP 工艺图表 2022（x64）快捷图标

单击左上角的【新建】按钮，弹出图 1-3 所示的对话框，选择【工艺规程】选项卡下的【机械加工工艺规程】系统模板。

图 1-3　新建工艺规程

单击【确定】按钮后新建工艺规程，默认名称为"工艺文件1"，如图1-4所示。

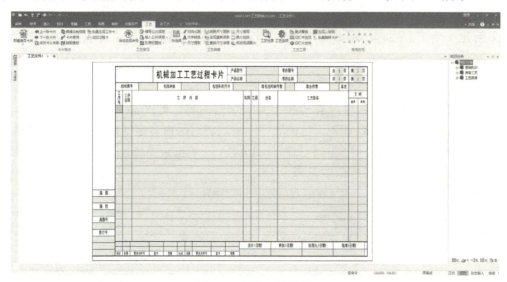

图1-4 新建工艺文件

单击 【保存】按钮，保存该文件并更名为"传动轴机械加工工艺规程.cxp"。

任务1.2　工艺过程卡片填写

1.2.1　表头信息填写

1-2 工艺过程卡片填写

表头信息包含公共信息和材料牌号、毛坯种类等其他信息，如图1-5所示。公共信息是工艺规程中各个卡片都需要填写的单元格，将单元格列为公共信息，填写卡片时就可以一次完成所有卡片中该单元格的填写。

机械加工工艺过程卡片		产品型号		零件图号		总 1 页	第 1 页
		产品名称		零件名称		共 1 页	第 1 页
材料牌号	毛坯种类		毛坯外形尺寸		每毛坯可制件数	每台件数	备注

图1-5 表头信息

首先输入公共信息。如图 1-6 所示，单击【工艺】选项卡→【工艺填写】面板→【填写公共信息】按钮，弹出图1-7所示的【填写公共信息】对话框，输入【公共信息内容】，单击【确定】按钮保存并退出，如图1-8所示。

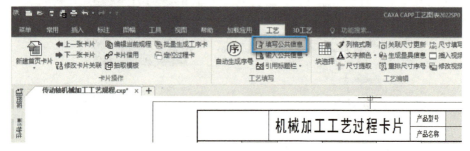

图1-6 填写公共信息

图 1-7 【填写公共信息】对话框　　　　图 1-8 　输入【公共信息内容】

> **技巧提示**：填写完卡片的公共信息以后，选择【工艺】选项卡→【工艺填写】面板→【输入公共信息】→【输出公共信息】命令，系统可以将公共信息保存到一个.txt文件中。
>
> 新建另一新文件时，单击【工艺】选项卡→【工艺填写】面板→的【输入公共信息】按钮，就可以将保存的公共信息自动填写到新的卡片中。
>
> 示例如图 1-9 所示。

图 1-9　公共信息的输入、输出

其他的材料牌号等表头信息直接单击单元格输入文本即可。其中，毛坯外形尺寸的直径符号⌀ 输入方式为：右击单元格，在弹出的快捷菜单中选择【插入】→【常用符号[S]】→⌀ 即可，如图 1-10 所示。

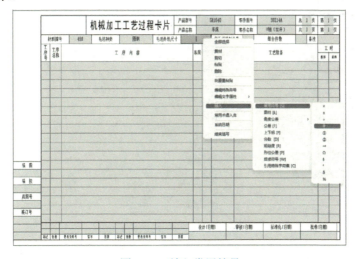

图 1-10　输入常用符号

1.2.2 内容信息填写

完成表头信息的输入后，接着在图 1-11 所示区域完成工艺内容的输入。

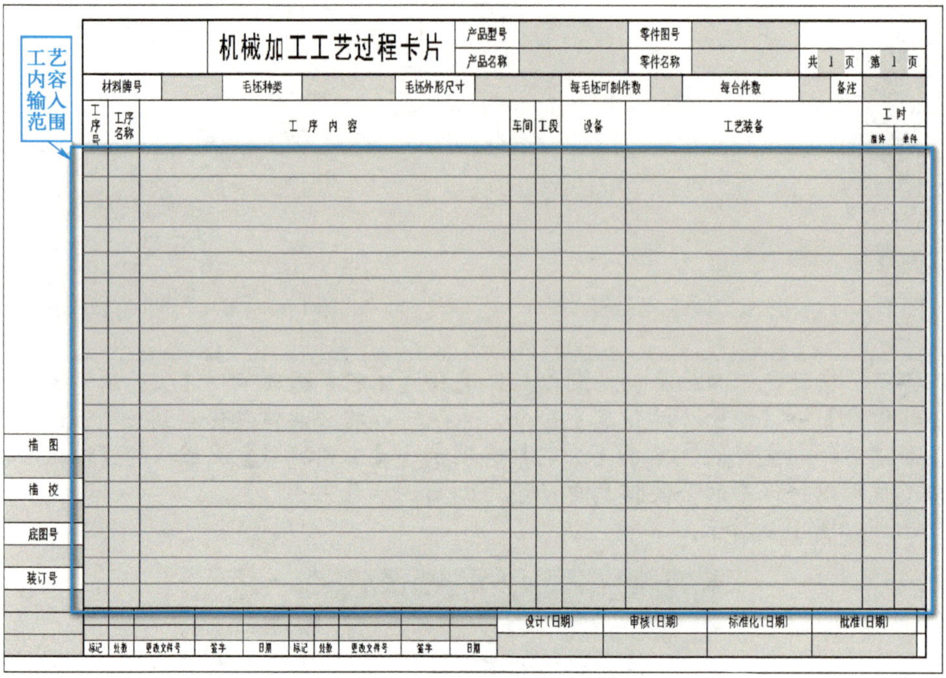

图 1-11 工艺内容的输入范围

先输入工序名称。单击要填写的单元格，单元格底色随之改变，且光标在单元格内闪动，此时即可在单元格内输入要填写的内容。如果系统知识库存在相应的工序名称，也可以单击【知识分类】下的【工序名称】节点，在弹出的【知识列表】中选择相应的工序名称即可，如图 1-12 所示。

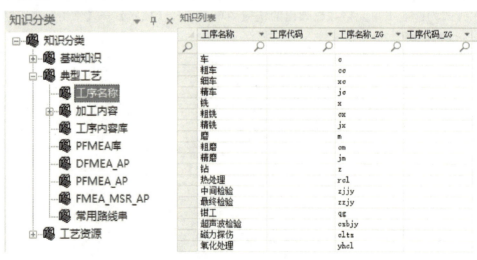

图 1-12 从知识库选择工序名称

技巧提示：单元格的填写方式取决于文件模板中如何定制单元格的换行方式，具体可参考 2.2.2 小节相关内容。

1）自动换行的填写方式：文字不进行压缩处理，当一行用完的时候，会自动创建新行完成填写。

2）压缩文字填写方式：文字只填写在一个单元格中，当文字内容较多时，会出现压缩效果。输入过程中按〈Enter〉键，可在当前单元格中将文字分成两段。

按住鼠标左键，在单元格内的文字上拖动，可选中文字，然后右击，弹出图 1-13 所示的快捷菜单，利用【剪切】【复制】【粘贴】命令或对应的快捷键，可以方便地将文字在各单元格间移动。外部文字处理软件（如记事本、写字板、Word 等）中的文字字符，也可以通过【剪切】【复制】【粘贴】命令方便地填写到单元格中。在选中文字的状态下，在单元格与单元格之间可以实现文字的拖动。

图 1-13 选中文字的右键快捷菜单

若要改变单元格填写时的底色，只需单击【工艺】选项卡→【工艺工具】面板→【工艺选项】按钮，弹出【工艺选项】对话框，在【单元格填写底色设置】标签下选择所需的颜色，如图 1-14 所示。

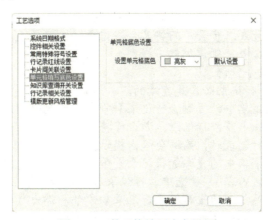

图 1-14 单元格填写底色设置

对于特殊符号的输入，如上下标、图符、粗糙度、几何公差以及焊接符号等，可以在单元格输入时右击，然后在图 1-10 所示的快捷菜单中进行选择。

依次完成除工序号外的所有工艺内容信息输入，按住〈Ctrl〉键的同时，单击选择车工序下的所有行，右击后在快捷菜单中，选择【合并行记录】，完成车工序输入，如图 1-15 所示。系统默认的行间红线表示一个工序，由于本例的车工序跨越多行，所以必须进行行记录合并，这样才能在生成工序号时只赋予车工序一个工序号。

图 1-15　行记录合并

技巧提示：

选中连续的多个行记录，右击，选择右键快捷菜单中的【合并行记录】命令，可将连续的多个行记录合并为一个行记录。

在工艺过程卡片、工序卡片等的表区中，合并多个行记录后，系统只保留被合并的第一个行记录的工序号或工步号，而将其余行记录的工序号或工步号删除。

关于行记录的合并，须遵循以下规则。

1) 必须选中多个行记录。

2) 选中的几个行记录必须是连续的。

选择右键快捷菜单中的【删除行记录】命令，可删除被选中的行记录，后续行记录顺序上移。如果同时选中多个行记录，那么可将其同时删除。如果被选中的行记录为跨页行记录，那么删除此行记录时，系统会给出提示。

选择右键快捷菜单中的【添加行记录】命令，则在被选中的行记录之前添加一个空行记录（没有填写任何内容），被选中的行记录及后续行记录顺序下移。

选择右键快捷菜单中的【添加多行记录】命令，弹出【插入多个行记录】对话框，在文本框中输入数字，单击【确定】按钮，则在被选中的行记录之前添加指定数目的空行记录。被选中的行记录及后续行记录顺序下移。

对于单行的空行记录，用鼠标单击此行记录中的单元格，按〈Enter〉键，则自动在此行记录前添加一个行记录。

单击右键快捷菜单中的【剪切行记录】命令,可将选中的行记录内容删除并保存到软件剪贴板中,可使用【粘贴行记录】命令粘贴到其他位置。

单击右键快捷菜单中的【复制行记录】命令,可将选中的行记录内容保存到软件剪贴板中,可使用【粘贴行记录】命令粘贴到其他位置,一次可同时复制多个行记录。

最后自动生成工序号。选择【菜单】→【工艺】→【自动生成序号】命令或单击【工艺】选项卡→【工艺填写】面板中的【自动生成序号】按钮,弹出【自动生成序号】对话框,设置如图 1-16 所示,单击【确定】按钮,完成工序号的自动生成(注意:此处工序号不支持中文,只支持数字,因此对于未规范化的工艺规程文件必须进行规范输入,以保证文件的规范性)。

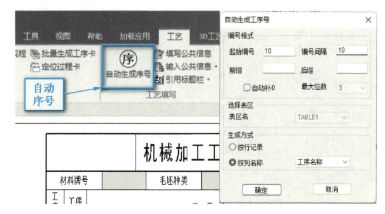

图 1-16　工序号的自动生成

完成表头信息和工艺内容信息输入后的机械加工工艺过程卡片如图 1-17 所示。

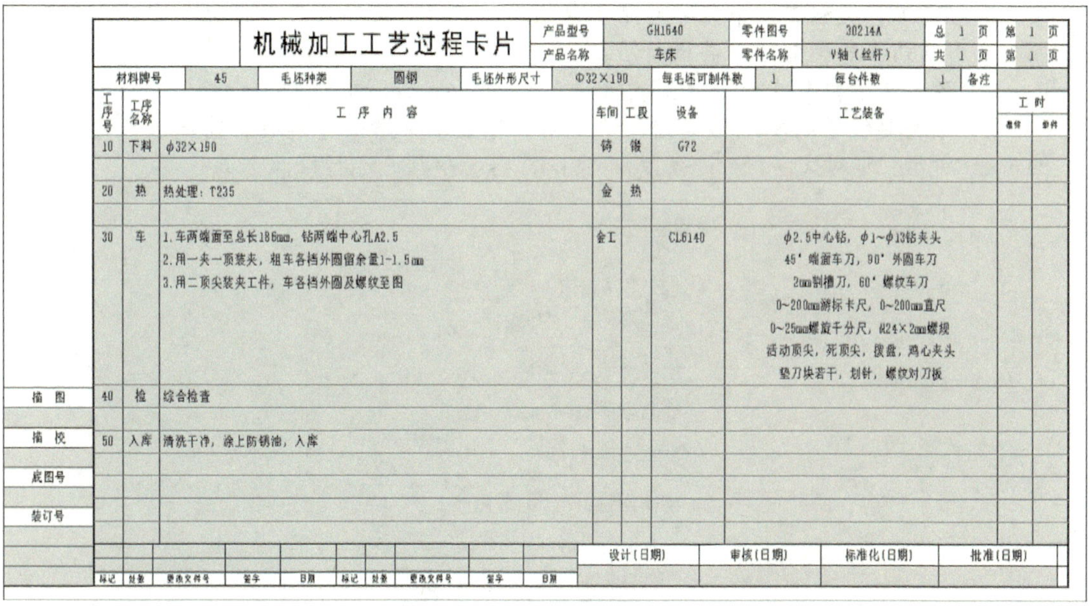

图 1-17　输入表头信息和工艺内容信息后的机械加工工艺过程卡片

单击左上角的【保存文档】按钮,保存该文件,如图 1-18 所示。

图 1-18　保存文件

首次保存文件时，需要在弹出的【另存文件】对话框中设置合适的路径和文件名，文件扩展名为.cxp，如图 1-19 所示。

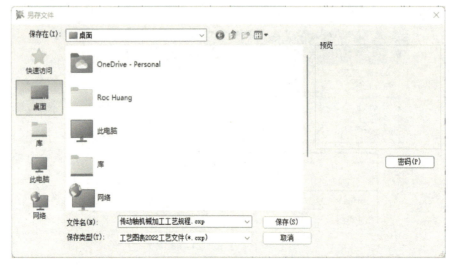

图 1-19　命名保存工艺规程文件

技巧提示：工艺规程文件中文字的显示包括对齐方式、文字高度、字体、字体颜色四种属性，利用【列格式刷】可对其进行修改。

1）单击【工艺】选项卡【工艺编辑】面板中的【列格式刷】按钮。

2）单击要编辑的单元格或列，单元格高亮显示并弹出【请编辑列属性】对话框，如图 1-20 所示。可对文字的对齐方式、字体、高度和颜色进行修改。

图 1-20　【请编辑列属性】对话框

1.2.3 基于知识库的填写

双击图1-21所示桌面快捷图标，启动CAXA工程知识库管理，打开CAXA知识库管理软件。

1. 常用符号输入与调用

如图1-22所示，依次单击【知识分类】→【基础知识】→【常用语】→【常用符号】，在右边空白区域中右击，在快捷菜单中选择【增加记录】命令，输入特殊符号"◇"后，"◇"就被添加到了【常用符号】列表。

图1-21 CAXA 工程知识库管理（x64）快捷图标

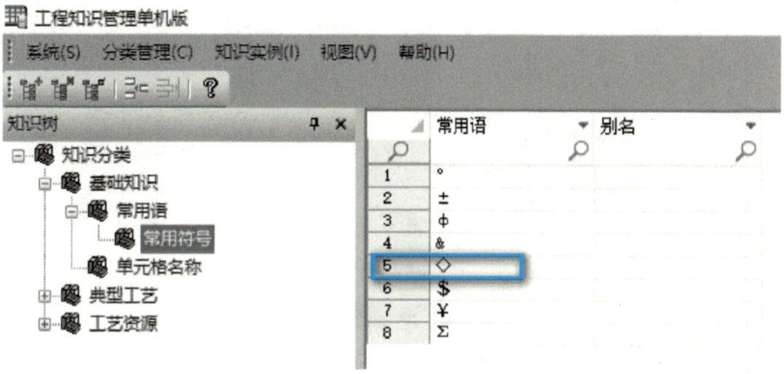

图1-22 系统知识库数据添加

同样，可以添加【知识树】中其他的数据项，并且可以删除系统自带的数据，重新添加符合企业需求的工艺知识，这样工艺知识就能与企业的底层制造资源相适应，从而很好地满足工艺设计需求。

使用CAXA CAPP 工艺图表软件打开之前保存的工艺规程文件，在右侧的【知识列表】中单击【常用符号】，就会弹出刚刚修改过的常用符号知识记录，单击符号即可在工艺过程卡片中填写该符号，如图1-23所示。

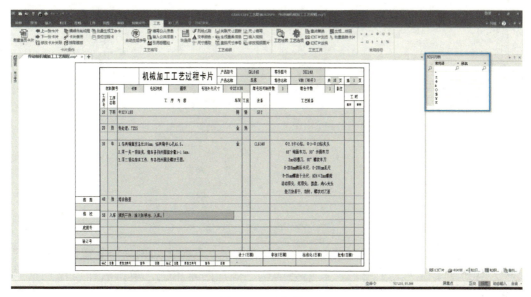

图1-23 添加符号

2. 常用语输入与调用

在编制工艺规程文件时，如果有些工序内容会经常用到，则可以将其作为常用语进行输入和调用，以提高工艺编制效率。

如图 1-24 所示，欲把工序 50 "入库" 的工序内容 "清洗干净，涂上防锈油，入库" 作为常用语，应选择该常用语，右击，在弹出的快捷菜单中选择【常用术语入库】命令。

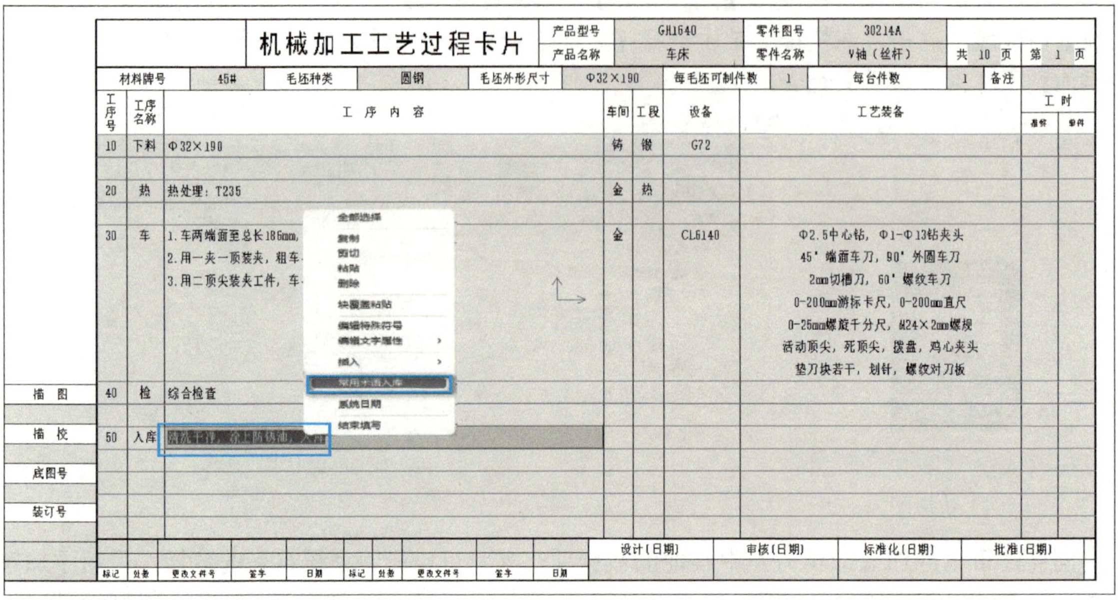

图 1-24 【常用术语入库】命令

在弹出的【常用术语入库】对话框中选择 "常用语" 节点，单击【确定】按钮，完成常用语入库设置，如图 1-25 所示。

图 1-25 完成常用语入库

需要重复调用时，单击欲填写工序内容的单元格，在右侧【知识分类】窗口中选中【常用语】，再切换到【知识列表】窗口，其中会出现已添加的常用语，单击后即可添加常用语，如图 1-26 所示。

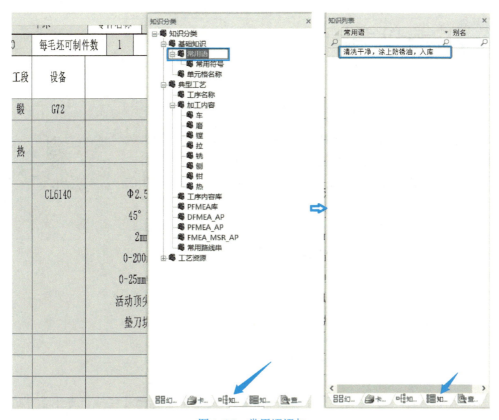

图 1-26 常用语添加

若想删除已添加的常用语,则可进入 CAXA 工程知识库管理软件,单击【知识分类】→【基础知识】→【常用语】,在右侧列表中找到添加的常用语,右击,在弹出的快捷菜单中选择【删除记录】,如图 1-27 所示。常用符号的删除方法类似。

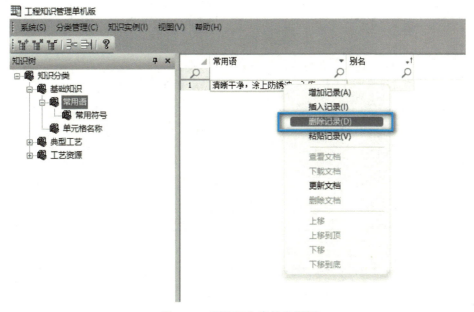

图 1-27 删除已入库的常用语

任务 1.3　工序卡片编制

1.3.1　工艺卡片树创建

【卡片树】窗口在 CAXA CAPP 工艺图表软件界面的右侧，如图 1-28 所示，图中只有一张刚刚创建好的机械加工工艺过程卡片，本项目中还需添加工序 30"车"的工序卡片，即表 1-2～表 1-10 的工序卡片。

图 1-28　【卡片树】窗口

按住〈Ctrl〉键，单击工序 30 行，在弹出的快捷菜单中选择【生成工序卡】，如图 1-29 所示。

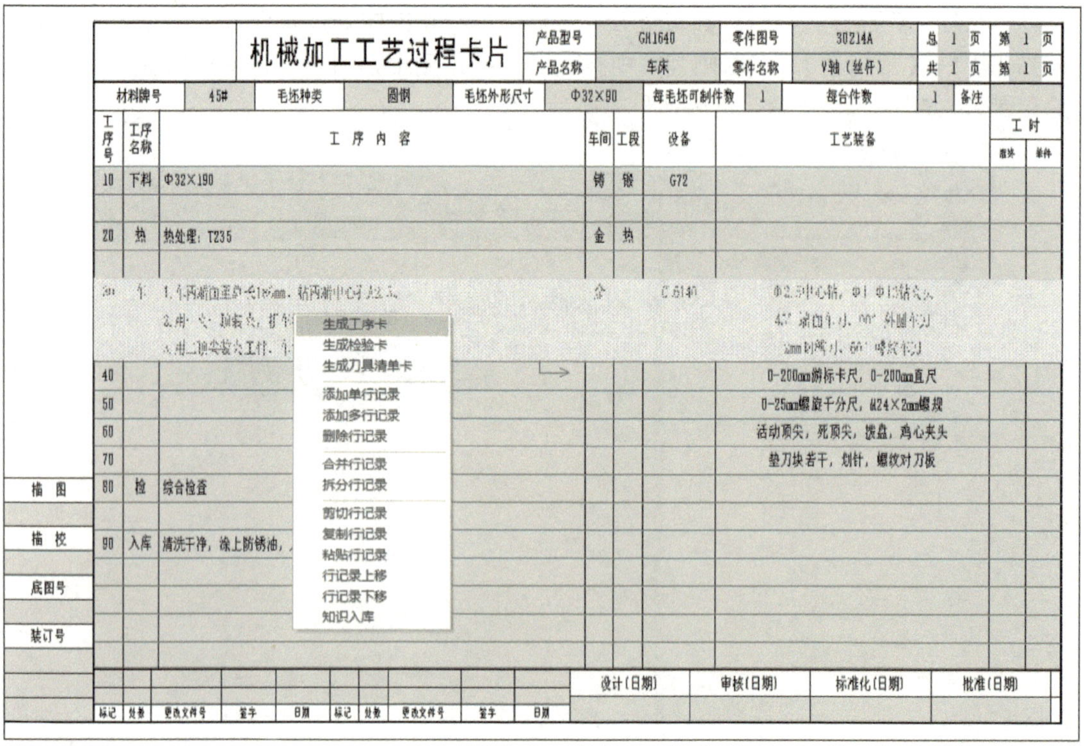

图 1-29　生成工序卡

在随后弹出的图 1-30 所示【选择卡片模板】对话框中选择【机械加工工序卡片】，完成第一张工序卡片的创建。

此时，右侧的卡片树变成如图 1-31 所示。

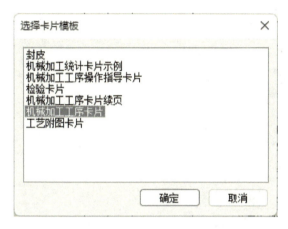

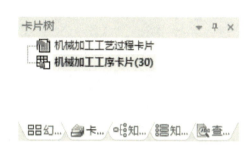

图 1-30　工序卡片模板选择　　　　　　　图 1-31　添加工序卡片后的卡片树

软件界面中的当前卡片自动切换为该工序卡片，如图 1-32 所示，可以看到，填写的公共信息已传入工序卡片，工序号、工序名称等信息也一并被带入该工序卡片。

图 1-32　机械加工工序卡片

然后添加其他工序卡片。其他工序卡片都是在工序 30 下，因此应在卡片树节点【机械加工工序卡片（30）】处右击，在弹出的图 1-33 所示快捷菜单中选择【添加续页】命令。

图 1-33 添加工序卡片续页

仍旧弹出图 1-30 所示的【选择卡片模板】对话框，选择【机械加工工序卡片】，完成第二张工序卡片（表 1-3）的创建，结果如图 1-34 所示。

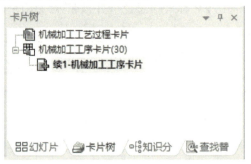

图 1-34 添加工序卡片续页的卡片树

重复添加工序卡片续页的操作，完成表 1-4～表 1-10 所示所有工序卡片的续页添加，结果如图 1-35 所示。

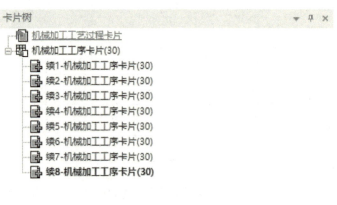

图 1-35 添加所有工序卡片续页的卡片树

1.3.2 工序卡片信息输入

双击卡片树下的节点【机械加工工序卡片（30）】，将它切换为当前页，进行工序信息的输入。参考机械加工工艺过程卡片的输入方式，输入表头信息和工步内容信息。【续 1-机械加工工序卡片（30）】～【续 8-机械加工工序卡片（30）】也以相同方法输入所有信息。注意跨行的工步应合并行记录后再自动生成工步号，如图 1-36 所示，为所有工序卡片统一自动生成工步号。

图 1-36　工步号的生成

1.3.3 工序图绘制

对于有工序图的工序卡片，必须进行工序图的绘制。可以在图 1-37 所示的卡片图形绘制区调用【常用】选项卡中与绘图相关的命令直接绘图，注意待加工表面线型以粗实线区分，结果如图 1-37 所示。

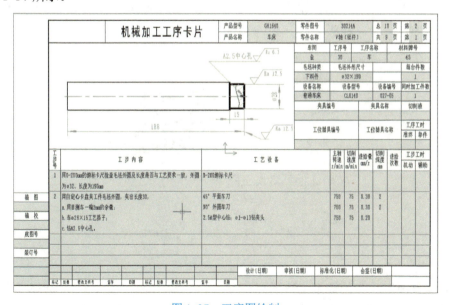

图 1-37　工序图绘制

如果工序图的 CAD 文件已存在，则可以直接导入该图形文件，方法如下：在【插入】选项卡的【对象】面板中选择【并入文件】，如图 1-38 所示。

图 1-38 【并入文件】选项

在随后弹出的图 1-39 所示【并入文件】对话框中选择已绘制好的工序图，支持.exb、.dwg 等文件类型。

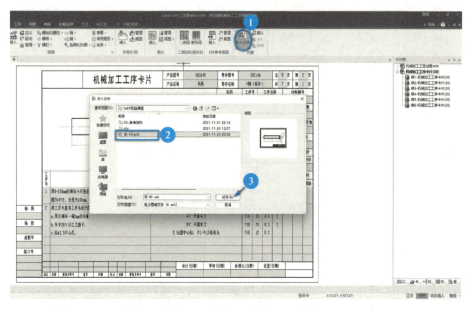

图 1-39 【并入文件】对话框

单击【打开】按钮，在弹出的【并入文件】对话框中选择模型，单击【确定】按钮，如图 1-40 所示。

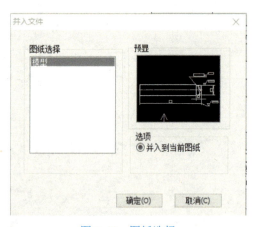

图 1-40 图纸选择

观察软件界面左下角的提示：，选择【定区域】和【粘贴为块】选项后，在卡片图形绘制区的空白处单击，图形自动居中显示，完成图形的插入。

通过以上图形并入的方法完成所有工序卡片续页的图形添加，即可完成整个工艺规程的编制，最后再次单击【保存】按钮，保存该传动轴的机械加工工艺规程文件。

任务 1.4 文件操作

1.4.1 文件模板修改

根据系统模板建立的工艺规程文件与本项目【项目分析】中提供的工艺卡片存在不同之处,一是页码单元格的设置不同,二是缺少对"每毛坯可制件数"单元格的定义,如图 1-41 和图 1-42 所示。

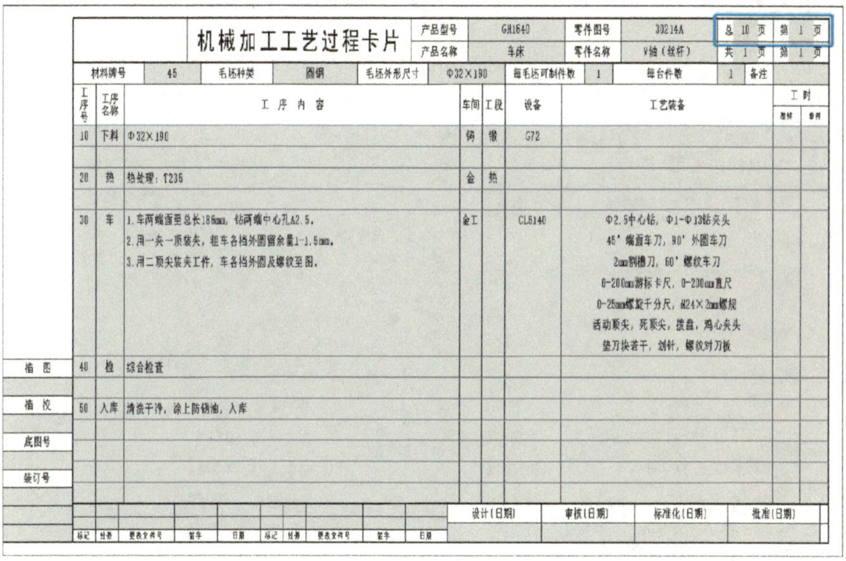

1-4 文件操作

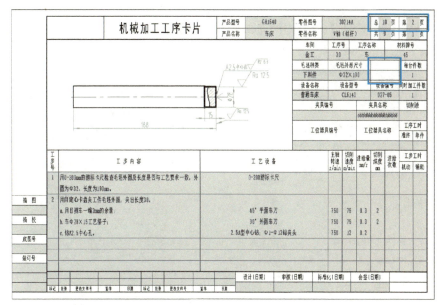

图 1-41 工艺规程文件与工艺过程卡片不一致处

图 1-42 工艺规程文件与工序卡片不一致处

为此，需要修改系统模板中的这些不一致处，才能完成最终工艺规程文件的编制，方法如下。

1. 修改系统工艺过程卡片模板

找到位于系统目录 C:\Program Files\CAXA\CAXA CAPP\2022\Template\zh-CN（与安装时所选安装路径有关）下的工艺过程卡片模板文件 "机械加工工艺过程卡片.txp"，将其复制到桌面并打开。单击【模板定制】选项卡→【模板】面板→【删除表格】按钮，然后单击模板右上角【总　页】和【第　页】单元格中底色为绿色的区域，绿色区域变为白色，表示已删除【总页】和【第 页】的单元格定义，最后右击完成退出删除功能。

单击【模板】面板下的【查询单元格】按钮，分别单击模板右上角的【共　页】和【第　页】，重新定义单元格。首先单击【共　页】单元格，重新定义其【单元格名称】和【域名称】，如图 1-43 所示。

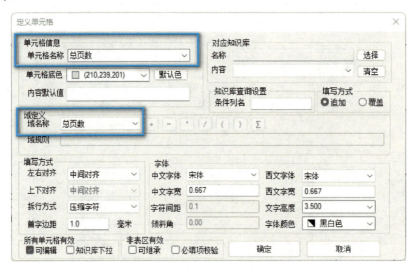

图 1-43　重新定义【共　页】单元格

同理，重新定义【第　页】单元格的【单元格名称】和【域名称】，如图 1-44 所示。

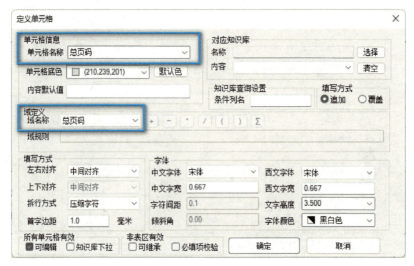

图 1-44　重新定义【第　页】单元格

然后删除多余的线条和文字，得到图 1-45 所示的工艺过程卡片模板，单击【保存】按钮完成工艺过程卡片的系统模板修改。

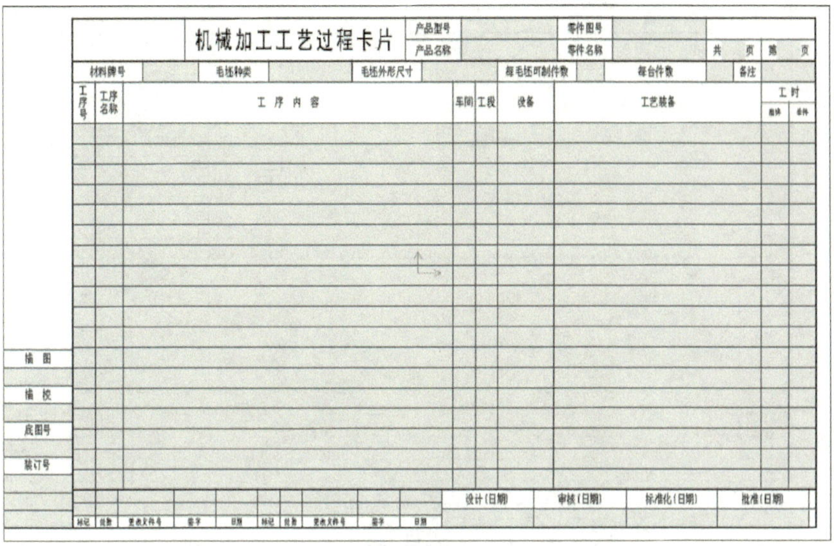

图 1-45　重新定义后的工艺过程卡片模板

最后将修改后的工艺过程卡片模板文件复制到模板目录 C:\Program Files\CAXA\CAXACAPP\2022\ Template\zh-CN 下，替换原始模板。

2. 修改系统工序卡片模板

找到位于系统目录 C:\Program Files\CAXA\CAXA CAPP\2022\Template\zh-CN 下的工序卡片模板文件"机械加工工序卡片.txp"，复制到桌面并打开。与修改工艺过程卡片模板相同，先删除模板右上角的【总　页】和【第　页】单元格，并重新定义【共　页】和【第　页】单元格。

然后单击【模板定制】选项卡→【标注】面板→文字按钮，输入【每毛坯可制件数】单元格文字。观察软件界面左下角的提示，1.搜索边界 · 2.边界缩进系数 0.1　，选择【搜索边界】选项后单击单元格区域进行填写，设置中文字体为宋体，高度 3.5，居中对齐，压缩文字。

单击【模板定制】选项卡【模板】面板下的【定义单元格】按钮定义单元格，如图 1-46 所示。

图 1-46　定义工序卡下的单元格

修改好的工序卡片如图 1-47 所示。单击【保存】按钮完成工序卡片模板修改。

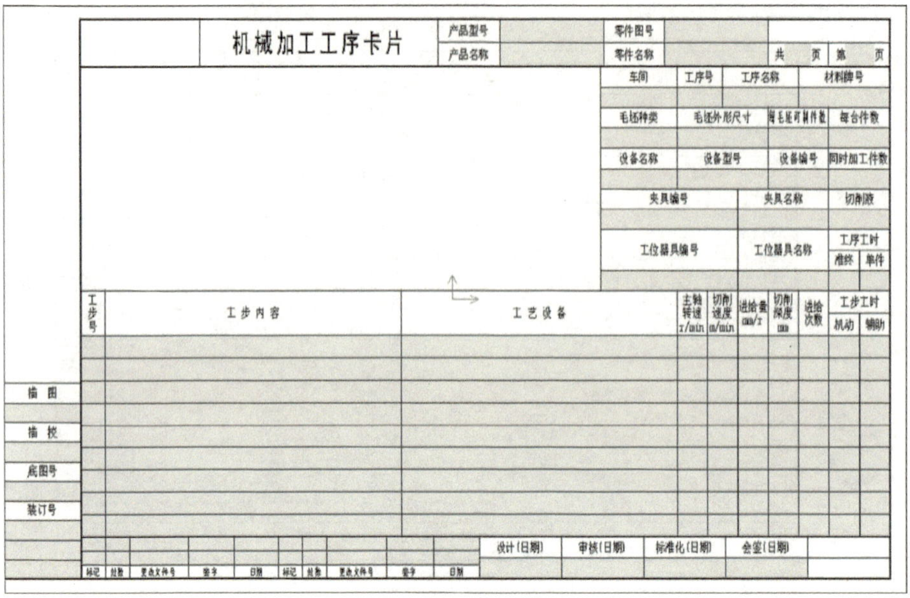

图 1-47 重新定义的工序卡片模板

最后将修改好的工序卡片模板文件复制到目录 C:\Program Files\CAXA\CAXA CAPP\2022\Template\zh-CN 下替换原始模板。

3. 更新模板重新生成工艺文件

单击【工艺】选项卡→【卡片操作】面板→【编辑当前规程】按钮，弹出图 1-48 所示的【编辑当前规程中模板】对话框，按住〈Ctrl〉键的同时选中【模板集中卡片模板】列的【机械加工工艺过程卡片】和【机械加工工序卡片】，单击【模板更新】按钮，在弹出的【模板更新】对话框中会显示机械加工工艺过程卡片模板更新前后的对比情况，单击【确定】按钮，如图 1-49 所示。

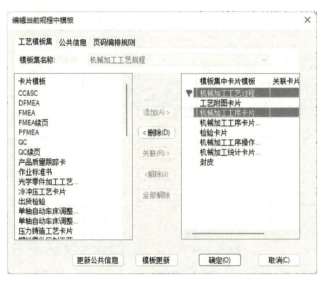

图 1-48 编辑当前规程中模板

图 1-49　工艺模板更新

在弹出的提示框中单击【是(Y)】按钮，如图 1-50 所示，接着会弹出机械加工工序卡片模板的更新前后对比情况，参考上述操作进行确认即可。

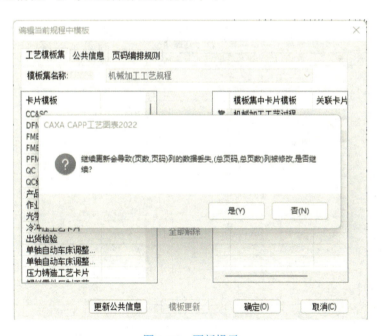

图 1-50　更新提示

模板更新后弹出更新成功提示信息，如图 1-51 所示，单击【确定】按钮，在返回的对话框中再次单击【确定】按钮，完成模板更新。

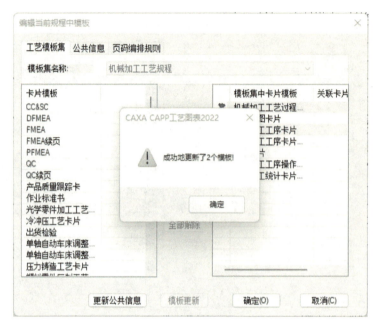

图 1-51　更新成功

在工序卡片的【每毛坯可制件数】单元格输入数量"1",完成工艺规程文件的编制,编制好的机械加工工艺过程卡片和其中工序 30 的工序卡片如图 1-52 所示。

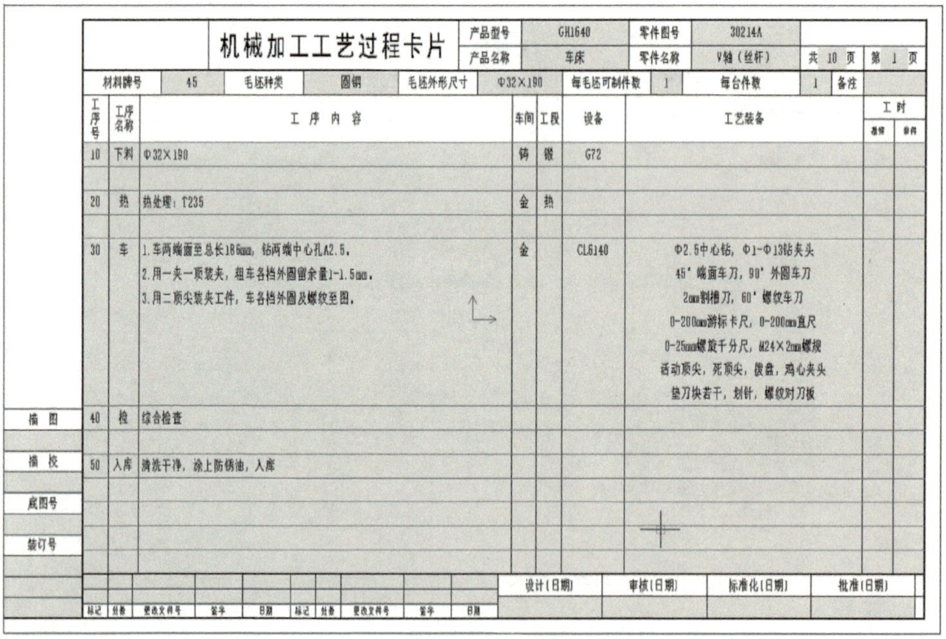

a) 工艺过程卡片

图 1-52　完成更新后的工艺文件

项目 1　传动轴机械加工工艺规程编制

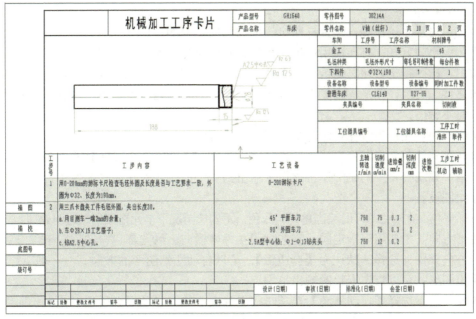

b）工序卡片

图 1-52　完成更新后的工艺文件（续）

1.4.2　文件打印输出

选择【菜单】→【文件】→【打印】命令，或单击【快速启动栏】中的【打印】图标，又或在卡片树中右击某一张卡片，单击右键快捷菜单中的【打印】命令，均可启动【打印对话框】，如图 1-53 所示，使用此对话框中的选项可以对当前打开文件中的卡片进行打印。

图 1-53　打印对话框

设置选项说明如下。

◆ 名称：显示系统已经安装的打印机，根据需要选择即可。
◆ 纸张大小与方式：打印通用选项，可根据打印机的实际情况做出选择。
◆ 黑白打印：指定打印时是否显示卡片中的颜色。如果勾选此复选框，那么无论卡片中的表格线、文字、图形等设置为何种颜色，打印后都只显示为黑色。注意：单元格底色打印时不输出。
◆ 文字作为填充：设置在打印时是否对文字进行消隐处理。
◆ 打印到文件：如果不将文档发送到打印机上打印，而将结果发送到文件中，可勾选该复选框，系统会将控制绘图设备的指令输出到一个扩展名为.prn 的文件中，而不是直接送往绘图设备。
◆ 打印底色：在彩色打印时输出单元格底色，不勾选情况下单元格底色做透明处理。
◆ 图形方向：主要用于指定同一工艺规程文件中横向、纵向都包含的情况下，卡片中的图形方向该如何选择。默认为【自适应】，可以自动匹配图形的方向。
◆ 输出图形：可以指定卡片的输出范围。
◆ 映射关系：选择【自动填满】选项时，卡片大小能够自动根据所选纸张大小而缩放，一般选择此选项，以保证卡片内容能够全部输出。选择【1：1】选项时，卡片中的表格、文字等按实际大小打印。
◆ 页面范围：【全部】选项用于打印当前文件中的全部卡片；【指定卡片】选项选择后会弹出图 1-54 所示的【卡片列表】对话框，通过勾选卡片名称前的复选框，可以指定要打印的卡片。

（注意：对于续页、子卡片等，必须单击主页前的【+】按钮将卡片树展开，才能看到并设置卡片是否打印）；【指定页码】选项可以指定卡片中的某一页或几页进行打印（注意：输入单个页码时，页码之间用逗号分隔，输入连续页码时，在起始页码和终止页码之间输入短横线"-"，例如输入"1，3，5-7"）。

图 1-54　卡片列表

◆ 预显：设置打印选项后，可以单击【预显】按钮对打印效果进行预览，如图 1-55 所示。

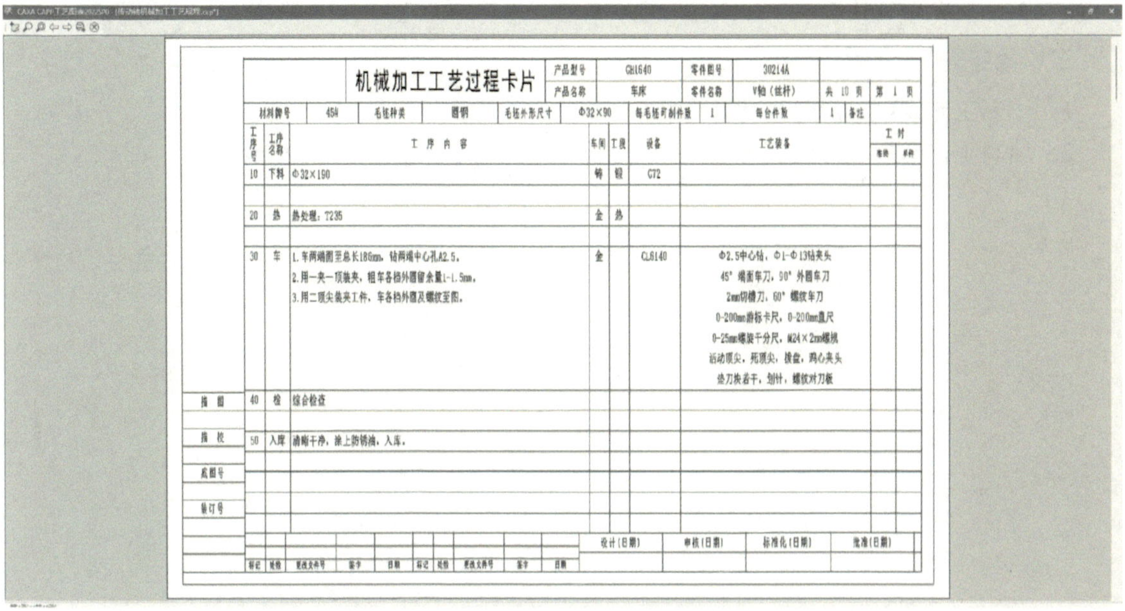

图 1-55　打印效果预览

单击工具栏中的 ⇦ ⇨ 按钮可以切换预览其他卡片，单击工具栏中的【关闭】按钮，退出预览窗口，返回【打印对话框】，单击【打印】按钮，即可完成工艺卡片的打印输出。

【习题】

一、判断题

1. 编制工艺规程时，对同一工序的多张工序卡片，在插入工步号时，应在每张工序卡片中单独插入。（　　）

2. 工序号的输入不支持中文，只支持数字，因此输入工艺规程文件信息时，对于未规范化的工艺规程文件必须进行规范输入。（　　）

二、选择题

1. 在机械加工工艺规程编制过程中，下来说法正确的是（　　）。

① 规程的第一张卡片应该是工艺过程卡片。

② 可以右击卡片树的工艺过程卡片，通过【添加续页】快捷菜单来添加工序卡片。

③ 生成工序卡片需要在工艺过程卡片对应的工序处按住〈Ctrl〉键，并在右键快捷菜单中选择【生成工序卡】命令。

④ 工艺过程卡片不需要添加续页。

A．②③　　　　　B．①③　　　　　C．①④　　　　　D．①②③

2. 通过工艺规程模板可以把所需的各种工艺卡片模板组织在一起，必须指定其中的一张卡片为（　　）。

　　A．工艺过程卡片　　　B．工序卡片　　　C．首页　　　D．附页

三、简答题

1. 一套工艺规程一般包含哪些内容？
2. 填写工艺卡片的方式有哪些？

项目 2　连接螺母工艺模板定制

教学目标

知识目标：
1. 掌握工艺模板定制的基本流程。
2. 掌握单元格、列、续列、域规则、表区等定义模板所需元素的概念。
3. 掌握模板集的概念及其构成。
4. 掌握工艺规程文件常规的公共信息及其指定方式。
5. 了解利用 CAPP 工艺图表进行数据汇总的方法。

能力目标：
1. 掌握工艺卡片的模板绘制，模板的单元格、表区定制。
2. 掌握工艺模板集定制。
3. 掌握模板集卡片的添加、删除。
4. 掌握工艺过程卡片的汇总卡片定制。
5. 掌握自定义模板的工艺规程编制。

素养目标：
1. 养成规范化定制工艺模板的习惯，形成良好的职业素养。
2. 建立对新技术良好的认知能力和严谨踏实的工作作风。
3. 养成使用数字化工具解决新工艺模板定制问题的能力。

项目分析

该连接螺母工艺规程包含两种不同类型的卡片：一种是机械加工工艺过程卡片，另一种是机械加工工序卡片，见表 2-1～表 2-13。这两种卡片与系统内置的模板不同，不能直接应用系统的模板进行编制，因此需要先进行工艺模板定制，然后根据定制的模板集进行工艺规程文件编制。同时可以向已创建好的模板集添加汇总卡片，例如统计机械加工工艺过程卡片中的"工序名称"，进行"工序名称"的汇总统计，得到工序类型和数量。

具体步骤如下。

1）利用 CAXA CAPP 自带的 CAD 功能进行机械加工工艺过程卡片、机械加工工序卡片图形绘制。
2）对绘制的表格进行单元格定义和表区定义。
3）定制模板集，包含所有自定义的卡片，形成用户自定义规程模板。
4）利用用户规程模板进行工艺规程文件编制。
5）汇总卡片表格绘制，添加该卡片至模板集。
6）在工艺规程文件中通过添加附页卡片的方式生成汇总卡片。

表 2-1 连接螺母工艺过程卡片

CAXA数码大方		机械加工工艺过程卡片		产品型号	T-25	零部件名称	连接螺母	共13页	第1页
				产品名称	客车装置部件	零部件图号	104-00-01		
材料牌号	40Cr	毛坯种类	棒料	毛坯外形尺寸	φ54×192 (36×5+3×4)	每毛坯可制件数	5	每台件数	8		
工序号	工序名称		工序内容	车间	工段	设备	工艺装备	备注	工时
									准终	单件
5	车		平端面、钻扩内孔	外协	加工	车床CA6140				
10	车		车间隔槽		加工	车床CA6140				
15	热处理		240~270HBW							
20	车		内孔倒角、车外圆		加工	车床CA6140				
25	铣		铣六方		加工	立铣XKA5032A/E				
30	车		车内孔、倒角、切断		加工	车床CA6140				
35	车		车螺纹		加工	车床J1CJK6132	M30×1.5-6H塞规			
40	铣		铣平面		加工	立铣XKA5032A/E				
45	钳		修毛刺		加工		M30×1.5-6H塞规			
50	检查									
55	热处理									
标记	处数	更改文件号	签字	日期	标记	处数	更改文件号	签字	日期
					设计(日期)	校对(日期)		审核(日期)	

表2-2 连接螺母加工工序卡片1

CAXA 数码大方		机械加工工序卡片		产品型号	T-25	零部件名称	连接螺母	共 13 页	第 2 页
				产品名称	客车装置部件	零部件图号	104-00-01	工序名称	材料牌号
				车间		工序号	5	车	40Cr
				毛坯种类	棒料	毛坯外形尺寸	φ54×192 (36×5+3×4)	每毛坯可制件数 5	每台件数 8
				设备名称	普通车床	设备型号	CA6140	设备编号	同时加工数
				工序工时				准终	
								单件	
				工夹具名称及编号		量具名称及编号 0~200mm 游标卡尺		技术要求	
工步号	工步内容								
1	夹一端, 车端面, 钻φ通孔φ24								
2	顶内孔, 车外圆至φ51								
标记	处数	更改文件号	签字	日期	标记	处数	更改文件号	签字	日期
				设计(日期)	校对(日期)		审核(日期)		

表 2-3 连接螺母加工工序卡片 2

CAXA 数码大方	机械加工工序卡片		产品型号	T-25	零部件名称	连接螺母	共 13 页	第 3 页
			产品名称	客车装置部件	零部件图号	104-00-01	材料牌号	40Cr
			车间		工序号	10	工序名称	车
			毛坯种类	棒料	毛坯外形尺寸	φ54×192 (36×5+3×4)	每毛坯可制件数	5	每台件数	8
			设备名称	普通车床	设备型号	CA6140	设备编号		同时加工数	
					准终			
			工序工时		单件			
			工夹名称及编号		量具名称及编号 游标卡尺		技术要求	

工步号	工步内容	签字	日期			
1	夹紧外径，用顶尖顶紧，在 4-3×φ44 间隔槽（间距 36）					

		更改文件号	签字	日期	设计（日期）	校对（日期）	审核（日期）
标记	处数						
标记	处数	更改文件号					

表 2-4 连接螺母加工工序卡片 3

CAXA 数码大方	机械加工工序卡片	产品型号	T-25	零部件名称	连接螺母	共 13 页	第 4 页
		产品名称	客车装置部件	零部件图号	104-00-01		
		车间		工序号	工序名称	材料牌号	
				15	热处理	40Cr	
		毛坯种类	棒料	毛坯外形尺寸 φ54×192	每毛坯可制件数	每台件数	
				(36×5+3×4)	5	8	
		设备名称		设备型号	设备编号	同时加工数	
		工序工时		准终		技术要求	
				单件			
工步号	工步内容			工夹名称及编号	量具名称及编号		
1	热处理至硬度为240～270HBW						
			日期	签字	日期		
		设计（日期）	校对（日期）		审核（日期）		
标记	处数	更改文件号	签字	日期			
标记	处数	更改文件号	签字	日期			

表 2-5 连接螺母加工工序卡片 4

CAXA 数码大方	机械加工工序卡片	产品型号	T-25	零部件名称	连接螺母		第 5 页
		产品名称	客车装置部件	零部件图号	104-00-01	共 13 页	材料牌号
		车间		工序号	20	工序名称	40Cr
		毛坯种类	棒料	毛坯外形尺寸	φ54×192 (36×5+3×4)	车	每台件数
		设备名称	普通车床	设备型号	CA6140	每毛坯可制件数	8
						5	
						设备编号	同时加工数
		工序工时		准终			
				单件			
		工夹具名称及编号		量具名称及编号		技术要求	
				0~125mm 游标卡尺			

工步号	工步内容							
1	车外圆至 φ50							

标记	处数	更改文件号	签字	日期	标记	处数	更改文件号	签字	日期
							设计（日期）	校对（日期）	审核（日期）

表 2-6 连接螺母加工工序卡片 5

CAXA 数码大方	机械加工工序卡片		产品型号	T-25	零部件名称	连接螺母		共13页	第 6 页
			产品名称	客车装置部件	零部件图号	104-00-01			
			车间	工序号	工序名称	毛坯可制件数	材料牌号		
				25	铣	5	40Cr		
			毛坯种类	毛坯外形尺寸	设备编号	每台件数			
			棒料	φ54×192 (36×5+3×4)		8			
			设备名称	设备型号	工序工时	同时加工数			
			立铣	XKA5032A/E	准终 单件				
			工夹名称及编号	量具名称及编号 0~125mm游标卡尺	技术要求				
工步号	工步内容								
1	夹一端（不超过10），顶一端，铣出六方								
		日期	签字	标记	处数	更改文件号	日期		
标记	处数	更改文件号	签字	日期	设计（日期）	校对（日期）	审核（日期）		

表2-7 连接螺母加工工序卡片6

CAXA 数码大方		机械加工工序卡片		产品型号	T-25	零部件名称	连接螺母		第 7 页
				产品名称	客车装置部件	零部件图号	104-00-01	共 13 页	材料牌号
				车间		工序号	30	工序名称	40Cr
				毛坯种类		毛坯外形尺寸	φ54×192	每毛坯可制件数	每台件数
				棒料			(36×5+3×4)	5	8
				设备名称		设备型号		设备编号	同时加工数
				车床					
				工序工时		准终			
						单件			
工步号	工步内容			工夹名称及编号		量具名称及编号		技术要求	
1	扩孔至φ27，车底孔尺寸至φ28.376$^{+0.300}_{0}$，Ra3.2μm					0～150mm游标卡尺			
2	车端面，车30°外圆倒角至尺寸φ43								
3	车1.5mm长30°内孔倒角								
4	切断35.5								
5	重复2、3、4工步								
	签字			日期		设计（日期）	校对（日期）	审核（日期）	
标记	处数	更改文件号	签字	日期					
标记	处数	更改文件号	签字	日期					

表 2-8 连接螺母加工工序卡片 7

CAXA 数码大方		机械加工工序卡片	产品型号	T-25	零部件名称	连接螺母	共13页	第 8 页
			产品名称	客车装置部件	零部件图号	104-00-01		
			车间		工序号	30	工序名称	车	材料牌号	40Cr
			毛坯种类	棒料	毛坯外形尺寸	φ54×192 (36×5+3×4)	每毛坯可制件数	5	每台件数	8
			设备名称	车床	设备型号	CA6140	设备编号		同时加工数	
					工序工时	准终				
						单件				
					工夹具名称及编号		量具名称及编号 0~125mm游标卡尺		技术要求	
工步号	工步内容									
6	在另一端面倒角,保证尺寸35									
7	车30°外圆倒角至尺寸φ43,车1.5mm长30°内孔倒角									
					设计(日期)	校对(日期)		审核(日期)		
标记	处数	更改文件号	签字	日期	标记	处数	更改文件号	签字	日期	

表 2-9 连接螺母加工工序卡片 8

CAXA 数码大方	机械加工工序卡片		产品型号	T-25	零部件名称	连接螺母		共 13 页	第 9 页
			产品名称	客车装置部件	零部件图号	104-00-01			
			车间		工序号	35	工序名称	车	材料牌号	40Cr
			毛坯种类	棒料	毛坯外形尺寸	φ54×192 (36×5+3×4)	每毛坯可制件数	5	每台件数	8
			设备名称	数控车床	设备型号	J1CJK6132	设备编号		同时加工数	
							准终			
							单件		技术要求	
			工序工时							
			工步内容				工艺装备名称及编号		量具名称及编号	0～125mm 游标卡尺
										M30×1.5-6H 量规
工步号			工步内容							
1			车螺纹 M30×1.5-6H							
2			去除螺纹毛刺							
							设计（日期）	校对（日期）	审核（日期）	
标记	处数	更改文件号	签字	日期	标记	处数	更改文件号	签字	日期	

表 2-10 连接螺母加工工序卡片 9

CAXA 数码大方		机械加工工序卡片		产品型号	T-25	零部件名称	连接螺母	第 10 页
				产品名称	客车装置部件	零部件图号	104-00-01	共 13 页
				车间		工序号	40	工序名称	铣	材料牌号	40Cr
				毛坯种类	棒料	毛坯外形尺寸	φ54×192 (36×5+3×4)	每毛坯可制件数	5	每台件数	8
				设备名称	立铣	设备型号	XKA5032A/E	设备编号		同时加工数	
						工序工时	准终			技术要求	
							单件				
工步号	工步内容					工夹名称及编号		量具名称及编号			
1	用台钳夹住工件，伸出长度多于10，铣刀对中，铣出6个9.4mm（35mm— 25.6mm）宽的平面							0~125mm游标卡尺			
						设计（日期）	校对（日期）		审核（日期）		
标记	处数	更改文件号	签字	日期	标记	处数	更改文件号	签字	日期		

表 2-11 连接螺母加工工序卡片 10

CAXA 数码大方		机械加工工序卡片		产品型号	T-25	零部件名称	连接螺母		
				产品名称	客车装置部件	零部件图号	104-00-01	共13页	第11页
				车间		工序号	45	工序名称	钳
				毛坯种类	棒料	毛坯外形尺寸	φ54×192	每毛坯可制件数	5
							(36×5+3×4)		
				设备名称	普通车床	设备型号	CA6140	设备编号	
				工序工时		准终			
						单件			
工步号	工步内容				工夹名称及编号	量具名称及编号		技术要求	
1	去除铣后毛刺								
					设计(日期)	校对(日期)		审核(日期)	
标记	处数	更改文件号	签字	日期					
标记	处数	更改文件号	签字	日期					

表 2-12 连接螺母加工工序卡片 11

CAXA 数码大方	机械加工工序卡片		产品型号	T-25	零部件名称	连接螺母		第 12 页
			产品名称	客车装置部件	零部件图号	104-00-01		共 13 页
			车间		工序号	50	工序名称	检查	材料牌号	40Cr
			毛坯种类	棒料	毛坯外形尺寸	φ54×192 (36×5+3×4)	每毛坯可制件数	5	每台件数	8
			设备名称	普通车床	设备型号	CA6140	设备编号		同时加工数	
(图示：M30×15-6H 螺母)			工序工时	准终		单件				
				工夹名称及编号		量具名称及编号 M30×1.5-6H 螺纹量规		技术要求
工步号	工步内容							
1	检查							
标记	处数	更改文件号	签字	日期	标记	处数	更改文件号	签字	日期
			设计（日期）	校对（日期）	审核（日期）			

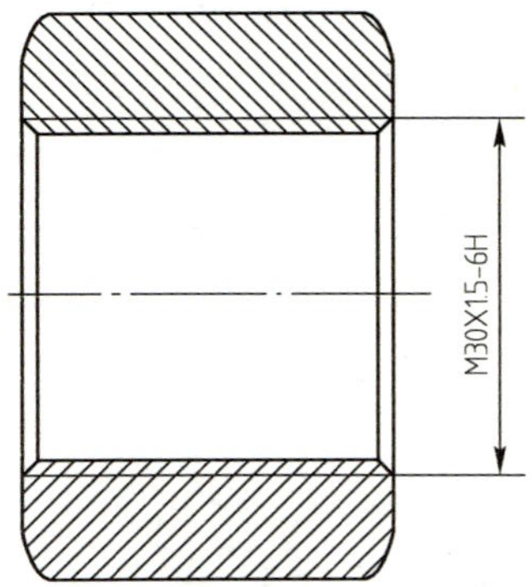

表 2-13 连接螺母加工工序卡片 12

CAXA 数码大方	机械加工工序卡片		产品型号	T-25	零部件名称	连接螺母		
			产品名称	客车装置部件	零部件图号	104-00-01	共13页	第13页
			车间		工序号	55	工序名称	材料牌号
							热处理	40Cr
			毛坯种类	棒料	毛坯外形尺寸	φ54×192 (36×5+3×4)	每毛坯可制件数	每台件数
							5	8
			设备名称	普通车床	设备型号	CA6140	设备编号	同时加工数
					准终			
			工序工时		单件			
			工夹名称及编号		量具名称及编号		技术要求	
工步号	工步内容							
1	发黑							
标记	处数	更改文件号	签字	日期	标记	处数	更改文件号	日期
					设计（日期）	校对（日期）	审核（日期）	
					签字			

任务 2.1 工艺卡片绘制

2.1.1 新建卡片模板

在生成规程工艺文件时,需要填写大量的工艺卡片,将相同格式的工艺卡片格式定义为工艺模板,填写卡片时直接调用即可,而不需要多次重复绘制卡片。

2-1 工艺卡片绘制

系统提供两种类型的工艺模板。

1)工艺卡片模板(*.txp):可以是任何形式的单张卡片模板,如工艺过程卡片模板、工序卡片模板、首页模板、工艺附图模板、统计卡片模板等。

2)工艺模板集(*.xml):一组工艺卡片模板的集合,必须包含一张工艺过程卡片模板,还可添加其他需要的卡片模板,如工序卡片模板、首页模板、附页模板等,各卡片之间可以设置公共信息。

CAXA CAPP 工艺图表提供了各种常用的工艺卡片模板和工艺模板集,存储在安装目录的 Template 文件夹下。

单击【文件】下拉菜单的【新建】命令,或单击快速启动工具栏的 图标,在弹出的对话框中可以看到已有的系统模板。

由于生产工艺的千差万别,现有模板不可能满足所有的工艺规程文件要求,所以用户需要自定义符合要求的工艺卡片模板。利用 CAXA CAPP 工艺图表的软件环境,可以方便快捷地定制各种模板,下面以机械加工工艺过程卡片绘制为例进行讲解,其余卡片绘制方法类似。

首先新建卡片模板文件,如图 2-1 所示,选择【卡片模板】选项卡中的【卡片模板】,单击【确定】按钮。

图 2-1 新建卡片模板

2.1.2 卡片绘制

如图 2-2 所示，单击【图幅】→【图幅设置】按钮，弹出图 2-3 所示的对话框。

图 2-2 【图幅设置】按钮

图 2-3 【图幅设置】对话框

根据实际工艺模板要求设置【图纸幅面】，一般的工艺模板都是 A4 幅面，也有一些工艺模板是 A3 幅面。在默认情况下，【图纸绘图比例】都是 1∶1。注意在比例重新设置过，或者从其他 CAD 软件中转换过来时，需要确保【图纸比例】为 1∶1。【图纸方向】设置成与实际卡片相一致，可选横放或竖放。本例中的机械加工工艺过程卡片应该选择【横放】。【调入图框】可选【无】，也可根据需要也可选择系统自带图框。

选择【常用】选项卡下的【矩形】命令，如图 2-4 所示，进行表格的外框绘制。按图 2-5 进行设置，将绘图方式从"两角点"切换为"长度和宽度"，设置长度为 270，宽度为 190，这里考虑到 A4 纸的打印边界问题，尺寸比 A4 纸设置得小一点。

项目 2　连接螺母工艺模板定制

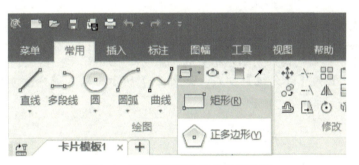

图 2-4　调用【矩形】命令绘制外框

图 2-5　矩形绘制参数设置

单击界面右下角【自由】旁的倒三角按钮，在弹出的菜单中选择【智能】命令，用鼠标捕捉界面中心的坐标原点进行图框居中定位。

然后进行内框和内部表格绘制以及文本输入，绘制好的机械加工工艺过程卡片表格如图 2-6 所示。

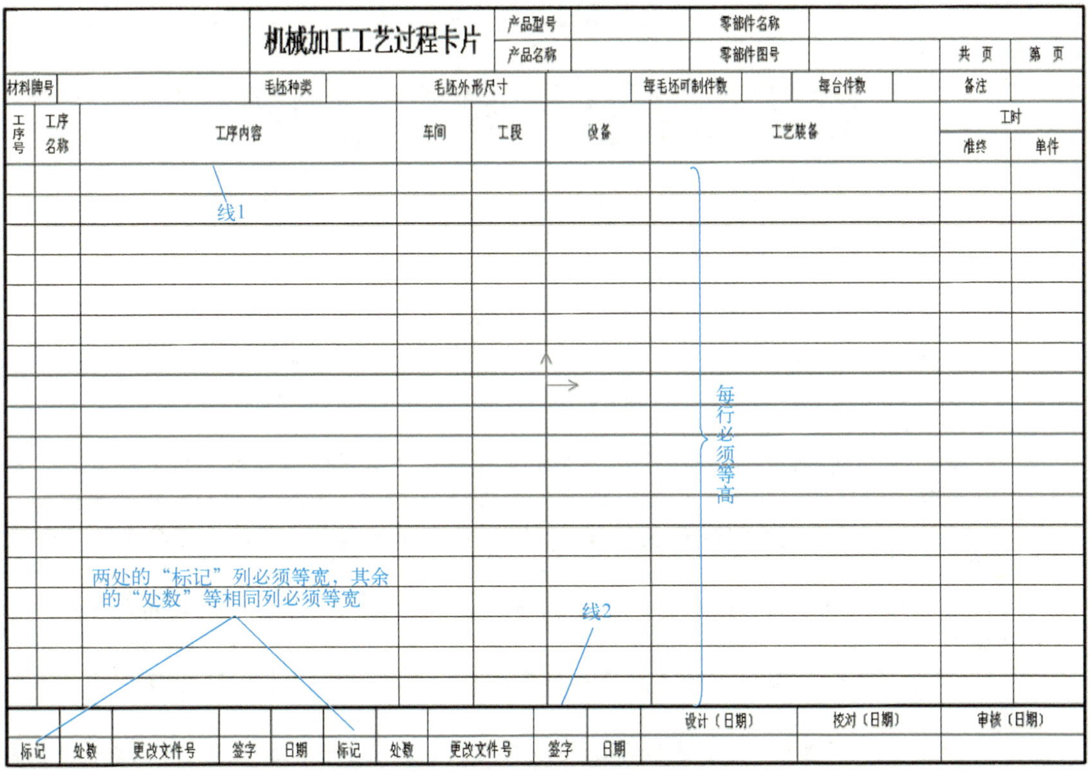

图 2-6　机械加工工艺过程卡片表格形式

使用类似的方法完成工序卡片和汇总卡片模板表格的绘制。

> 📝 **技巧提示**：表格绘制。

卡片中需要定义的单元格必须是封闭的矩形，即所有的线都是以正交的方式完成的。在工序信息中，绘制的同一列单元格宽度、高度必须相等，可在画出线 1 和线 2 后利用【直线】命令设置为【等分线】方式，如图 2-7 所示。输入等分量，拾取线 1 和线 2，完成等分。

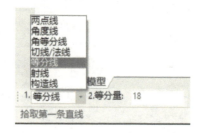

图 2-7 【等分线】设置

不是同一个表区的列高度可以不相等。需要定义成续列的"标记"等列，必须定义成相同宽度。另外还可以用平行线 、等距线等绘制工艺模板的表格，用裁剪命令把多余的线裁减掉。

> 📝 **技巧提示**：文字的定位方式。

向单元格内填写文字时，单击【模板定制】选项卡→【标注】面板→【文字】按钮，如图 2-8 所示，在软件界面左下角单击【搜索边界】，选择对齐方式为【居中对齐】，这样可以更准确地把文字定位到指定的单元格中。

图 2-8 单元格内文字填写

> 📝 **技巧提示**：使用 CAD 软件导出卡片文件。

在 CAXA 工艺图表绘制界面或 CAXA 电子图板中直接绘制表格不需要设置层，只需要注意线是粗实线还是细实线。但如果卡片是从 AutoCAD 等其他 CAD 软件导出的，则必须把卡片上的所有线及文字设置到 CAXA 默认的细实线层，然后再删除其他软件的所有图层，并且把比例设置成 1：1。

使用 CAXA 电子图板绘制的表格或 AutoCAD 等其他 CAD 软件绘制的表格时，具体方法如下

1）单击【文件】菜单下的【打开文件】命令，或单击 图标，弹出【打开文件】对话框。

2）在【文件类型】下拉列表框中选择*.exb 或*.dwg;*.dxf 文件类型，并选择要打开的表格文件。

3）单击【确定】按钮后打开表格文件，按需修改、定制。

4）修改图层，文字字高，比例等，最终生成图 2-6 所示的工艺模板表格。

任务 2.2　工艺卡片模板定义

2.2.1　单元格信息定义

单击【模板定制】选项卡→【模板】面板→【定义单元格】按钮，在对应的机械加工工艺过程卡片中"产品型号"单元格右边的空白处单击，选择该单元格后右击，在随后弹出的【定义单元格】对话框中，设置【单元格名称】为"产品型号"，如图 2-9 所示。

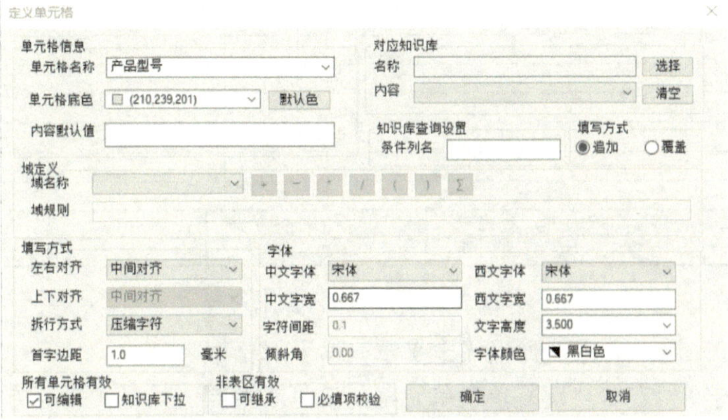

2-2
工艺卡片模板定义

图 2-9　【定义单元格】对话框

根据需要可以修改单元格底色，设置填写方式和字体等。单元格名称是这个单元格的身份标识，具有唯一性，同一张卡片中的单元格不允许重名。单元格名称同工艺图表的统计、公共信息关联及工艺汇总表的汇总等多种操作有关，所以建议为单元格输入具有实际意义的名称，如"产品名称""材料牌号"等。

单元格名称也可在图 2-9 所示【单元格名称】下拉列表框中选择。系统会自动给单元格指定一个名称（如 cell0、cell1 等），但单元格名称应见名知义，一般不推荐使用系统预设的名称，可根据单元格旁边的标签输入所需的名称。系统自动保存曾经填写过的单元格名称，并显示在下拉列表框中，当输入字符时，下拉列表框自动显示与之相符的名称，方便自动查找填写。

以相同的方法完成表头信息的其他单元格定义，表格右下角三个日期单元格（设计、校对、审核）的定义也是可以使用同样的方法。

2.2.2　列定义

1）单击【模板定制】选项卡→【模板】面板→按钮，或选择【模板定制】菜单下的【定义单元格】命令。

2）在首行单元格内部单击，系统用黑色虚线框高亮显示此单元格。

3）按住〈Shift〉键，单击此列的末行单元格，系统将首末行之间的一列单元格（包括首末行）全部用虚线框高亮显示，如图 2-10 所示。

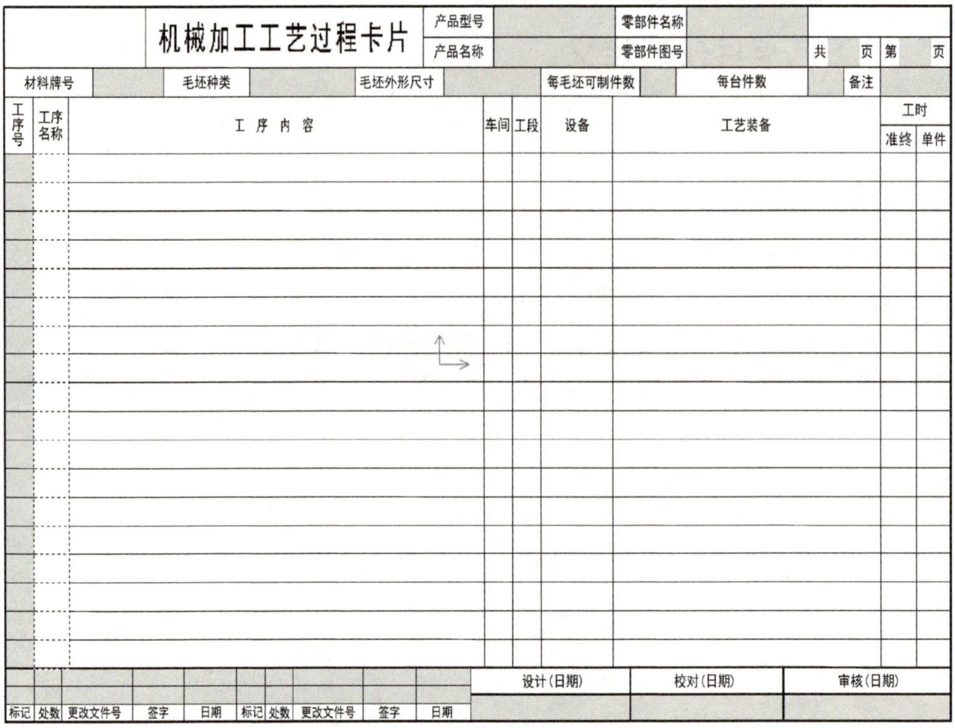

图 2-10　高亮显示选中列

4）放开〈Shift〉键，右击，弹出【定义单元格】对话框。

5）属性设置内容和方法与设置单个单元格属性基本相同，只是【拆行方式】下有【自动换行】和【压缩字符】两个选项可供选择。如果选择【自动换行】，则文字填满该列的某一行之后，会自动切换到下一行；如果选择【自动压缩】，则文字填满该列的某一行后，文字被压缩，不会切换到下一行。

2.2.3　续列定义

续列是属性相同且具有延续关系的多列。续列的各个单元格应当等高等宽，定义方法如下。

1）单击【模板定制】选项卡→【模板】面板→ 按钮，或选择【模板定制】菜单下的【定义单元格】命令。

2）用 2.2.2 节列定义中的方法选取一列。

3）按住〈Shift〉键，选择续列上的首行，弹出图 2-11 所示的对话框，询问是否定义续列。

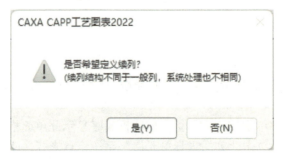

图 2-11　续列定义提示

注意： 系统弹出此提示对话框，是为避免用户对续列的误定义，请注意列与续列的区别。

4）选择"否"则不定义续列，选择"是"则高亮显示续列的首行。注意续列单元格应与首列单元格等高等宽，否则不能添加续列，且会弹出对话框进行提示。

5）按住〈Shift〉键，选择续列上的末行单元格，续列被高亮显示，如图 2-12 所示。类似的，可定义多个续列。

图 2-12　续列

6）松开〈Shift〉键，在选中的单元格上右击，弹出【定义单元格】对话框，其设置方法与列定义相同，可参考 2.2.1 节与 2.2.2 节中的方法进行设置。

2.2.4　域规则定义

卡片定义完成后，【共　页】和【第　页】两个单元格的内容不需要输入，而由系统根据域定义自动填写，这时就必须定义域。根据卡片内容可判断出此处的【共　页】代表的是总页数，【第　页】代表的是总页码，因此相应的域定义如下：设置【共　页】单元格的域名称为【总页数】，【第　页】单元格的域名称为【总页码】，分别如图 2-13 和图 2-14 所示。

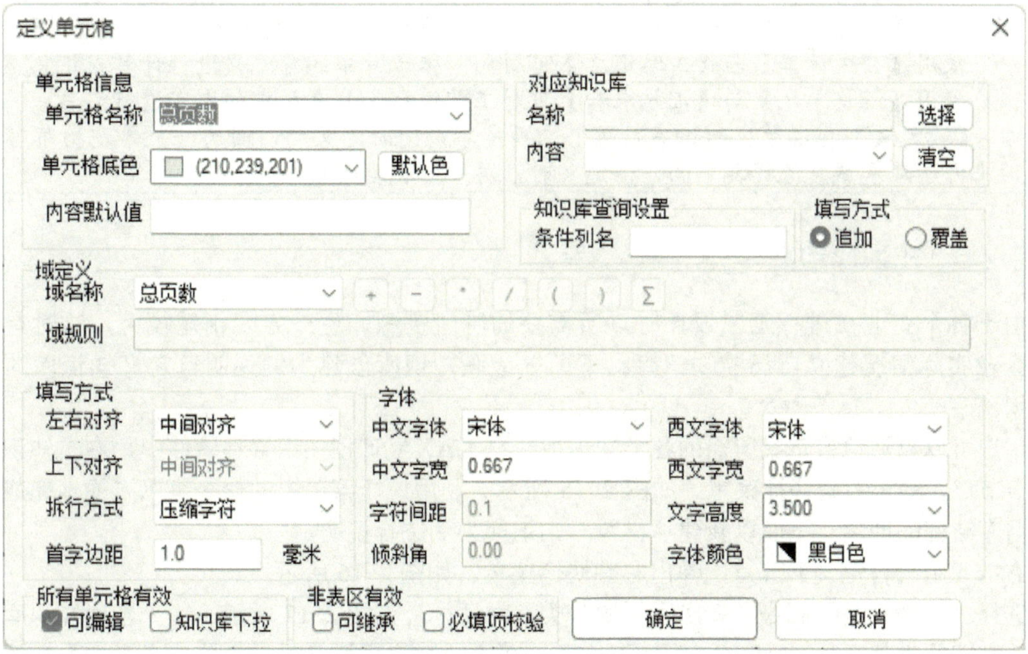

图 2-13　【共　页】单元格的域定义

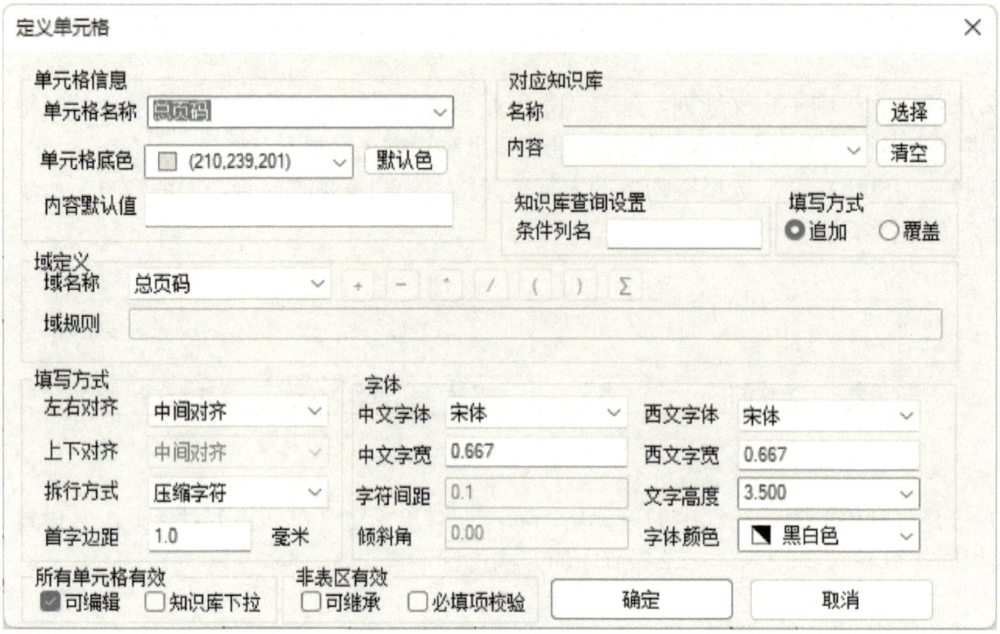

图 2-14 【第 页】单元格的域定义

> **技巧提示：**
> 工艺卡片通常会有两组页数、页码选项，即【总 页】、【第 页】和【共 页】、【第 页】，分别对应【域名称】下拉列表框中的【总页数】、【总页码】和【页数】、【页码】。【页数】、【页码】代表卡片在所在卡片组（包括主页、续页等），即"共×页 第×页"，而【总页数】、【总页码】代表卡片在整个工艺规程中的排序，即"总×页 第×页"。本例根据工艺规程文件显示的页码数可以判断出其【共 页】代表的是上述的【总 页】。
> 使用【公式计算】与【工时汇总】可对同一张卡片中的单元格进行计算或汇总。
> 使用【汇总单元】与【汇总求和】可对工艺过程卡片表区中的内容进行汇总。
> 【域定义】和【对应知识库】两个选项是不能同时定义的，因为一个单元格不可能同时来源于库和域。选择其中的一个定义时，另一个会自动失效。

2.2.5 知识库定义

由于各个企业在进行工艺设计时，所需要的制造资源、生产方式相差较大，这时有必要根据企业实际情况建立自己的知识库。下面以级联知识库创建为例说明自定义知识库的创建和引用。

用户可以灵活地自定义所需的各类知识库，在 CAXA 工程知识管理软件中，右击知识树中的某个节点，弹出右键快捷菜单，如图 2-15 所示。利用快捷菜单中的命令可以方便地完成自定义数据库结构的创建。下面以新建"材料"知识库为例进行说明。

右击【用户自定义】节点，弹出右键快捷菜单，如图 2-16 所示。

选择"新增分类"命令，弹出【新增分类】对话框，如图 2-17 所示，输入新建知识库的名称（首字符须为英文）、显示名、图标等信息。在【属性信息】选项卡中单击【增加】按钮，可以将材料名称、牌号、规格等材料相关字段添加到属性信息表中，如图 2-18 所示，将每个属性信息输入完成后单击【确定】按钮即可。

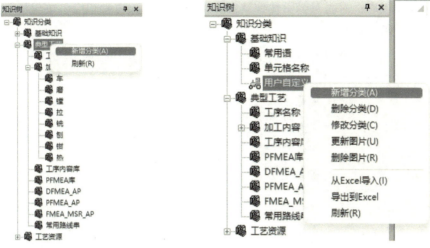

图 2-15　自定义知识库　　　　　图 2-16　新增用户自定义知识库

图 2-17　【新增分类】对话框

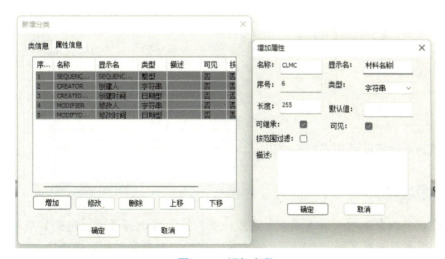

图 2-18　添加字段

选择新建的知识库，右击，弹出快捷菜单，可修改、删除该知识库，或继续创建该知识库下面的子知识库，如图 2-19 所示。

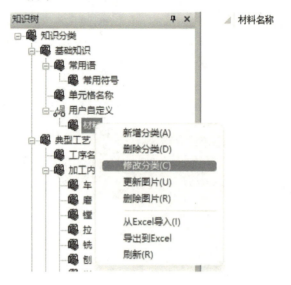

图 2-19　自定义知识库右键快捷菜单

选择新建的知识库，在知识库管理工具的右侧窗口可以添加新的记录，如图 2-20 所示。

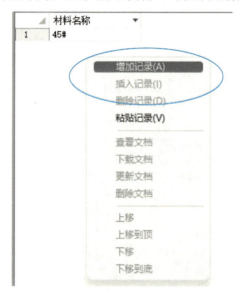

图 2-20　增加记录

使用同样的方法可以添加多级的知识库。

2.2.6　表区定义

单击【模板定制】选项卡→【模板】面板→ 按钮，或选择【模板定制】菜单下的【定义表区】命令，单击表区最左侧一列中的任意一格，这一列被高亮显示，如图 2-21 所示。

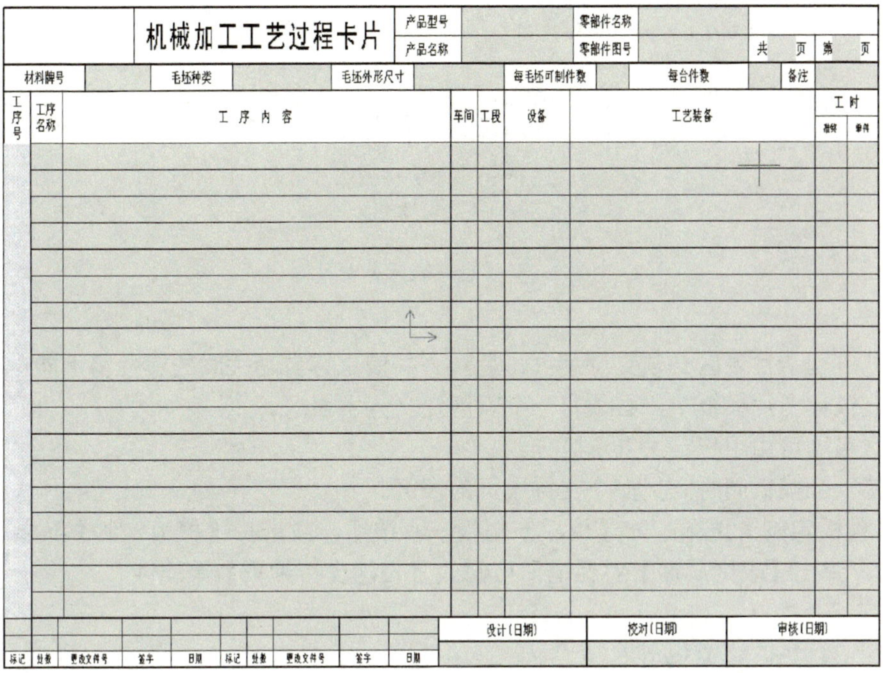

图 2-21 表区选择 1

按下〈Shift〉键，同时单击表区最右侧一列，则左右两列之间的所有列被选中，如图 2-22 所示。

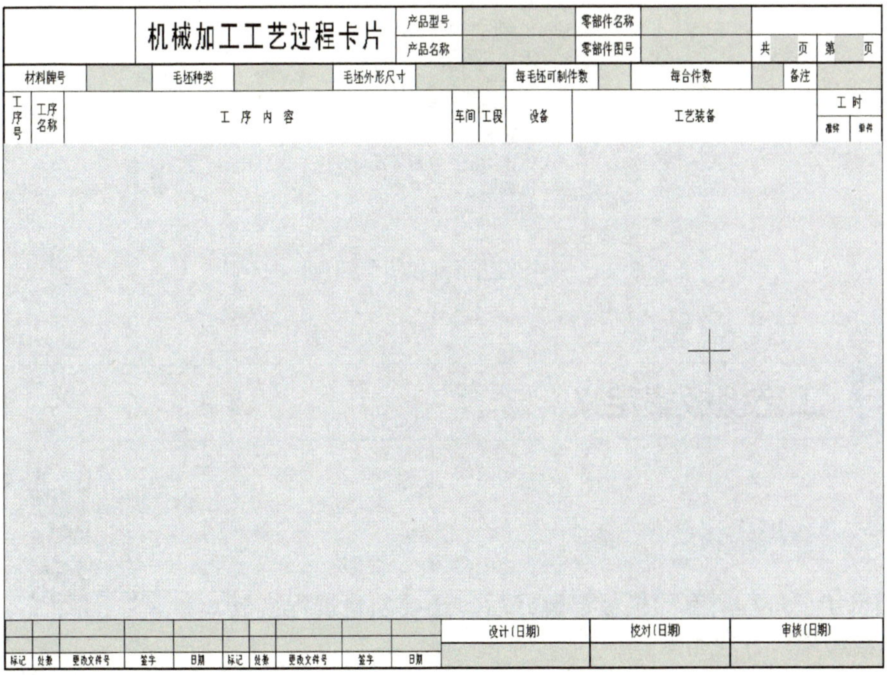

图 2-22 表区定义 2

在选中区域内右击，弹出图 2-23 所示的【定义表区】对话框。如果希望表区支持续页，则勾选【表区支持续页】复选框。单击【确定】按钮，完成表区的定义。

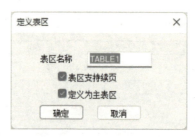

图 2-23 【定义表区】对话框

注意：
1）工艺过程卡片表区必须支持续页，否则公共信息等自动关联的属性将不能自动关联。
2）工艺过程卡片模板中，必须有一个表区定义为主表区。
3）表区名称可由用户定义以示区分。
4）支持一个模板同时定义多个支持续页的表区。

单击【模板定制】选项卡→【模板】面板→ 按钮，或选择【模板定制】菜单下的【查询表区】命令，弹出【表区属性】对话框，可修改【表区支持续页】等属性。

2.2.7 其他卡片模板定义

一套完整的工艺规程一般由多张卡片构成，如封皮、机械加工工艺过程卡片、机械加工工序卡片、工艺附图卡片、检验卡片等，如图 2-24 所示。其他卡片模板的定义方法同上。

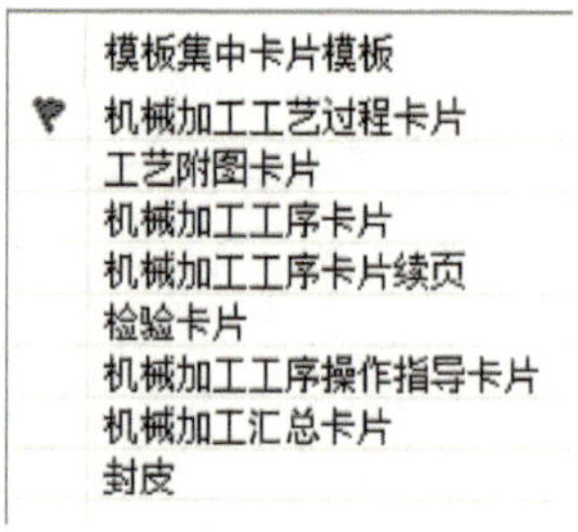

图 2-24 一个工艺规程模板集所包含的卡片

任务 2.3 工艺模板集定义

2.3.1 新建模板集

2-3 工艺模板集定义

当该项目工艺规程所有的模板都建好后，还要创建规程模板，即定义工艺模板集，方法如下。

1）新建工艺模板集：单击【文件】菜单下的【新建】命令，或单击快速启动工具栏中的 图标，弹出【新建】对话框。
2）单击【卡片模板】项并单击【确定】按钮，进入模板定制环境。
3）单击【模板定制】选项卡→【模板】面板→ 模板管理 按钮，或选择【模板定制】菜单下的【模板管理】命令，弹出图 2-25 所示的【模板集管理】对话框。

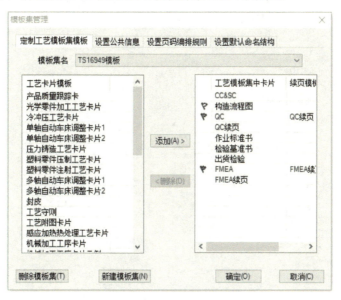

图 2-25　【模板集管理】对话框

4）单击【新建模板集】按钮，打开【新建模板集：输入模板集基本信息】对话框，输入所要创建的模板集名称，并单击【下一步】按钮，如图 2-26 所示。

图 2-26　输入模板集名称

2.3.2　指定卡片模板

在图 2-26 中单击【下一步】按钮，弹出【新建模板集：指定卡片模板】对话框。在【工艺模板】列表框中找到需要的模板，单击【指定】按钮，或双击需要的模板。在没有指定工艺过程卡片之前，系统会提示是否指定所选卡片为工艺过程卡片。如果所选的是工艺过程卡片，单击【是】按钮即可将此工艺过程卡片添加到右侧列表中，且工艺过程卡片名称前出现 ❤ 标志；单击【否】按钮，则将此卡片作为普通卡片添加到右侧列表中，如图 2-27 所示。注意：❤ 标志在列表中必须指定到机械加工工艺过程卡片上。

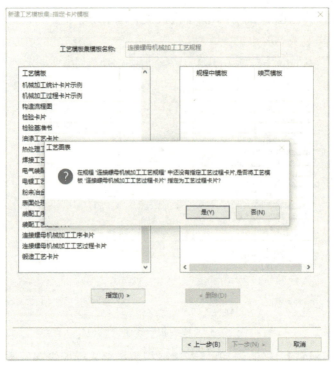

图 2-27　系统提示

选择该工艺规程中需要的其他卡片。对话框右边的【规程中模板】会列出所选定的工艺过程卡片和其他工艺卡片，卡片可以是一张或多张，由具体工艺决定。本项目中需要继续添加任务 2.2 中创建好的机械加工工序卡片，单击【指定】按钮，如图 2-28 所示。

图 2-28　添加机械加工工序卡片

指定的工艺过程卡片会有红色的小旗作为标志，以便区分工艺过程卡片和其他工艺卡片。在右侧列表框中，单击卡片模板名称前的 列，可以重新指定工艺过程卡片，但一个工艺规程模板中只能指定一个工艺过程卡片模板。

选中右侧列表框中的某一个卡片模板并单击【删除】按钮，或双击该卡片模板，可将其从列表中删除。

2.3.3 公共信息定义

指定了规程模板中所包含的所有卡片后，单击【下一步】按钮，弹出【新建工艺模板集：指定公共信息】对话框，这里要指定的是工艺规程中所有卡片的公共信息。在左侧列表框中选取所需的公共信息并单击【指定】按钮，或双击需要的信息，将其显示在右侧列表框中。在右侧列表框中选择不需要的公共信息并单击【删除】按钮，或双击要删除的信息，可将其删除。如图 2-29 所示。

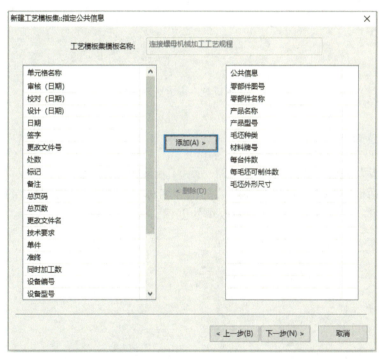

图 2-29 【新建工艺模板集：指定公共信息】对话框

2.3.4 页码编排规则定义

指定公共信息后，单击【下一步】按钮，进入页码编码规则指定页面。页码编排规则分为【页数页码编排规则】和【不参与总页数编排的模板】两部分。【页数页码编码规则】以卡片类型为基础，设定了三类编排规则：【全部卡片按顺序编码】是指不区分卡片类型，按顺序依次编排；【按卡片类型编排】是指在选中的卡片类型中单独编排，例如，如果选中工序卡片，则所有工序卡片的页数页码单独编排；【全部独立编排】是指页数页码在所有卡片类型中单独编排。【不参与总页数编排的模板】是针对总页数、总页码编排规则而言的，被选中的卡片将不计入总页数中,如图 2-30 所示。

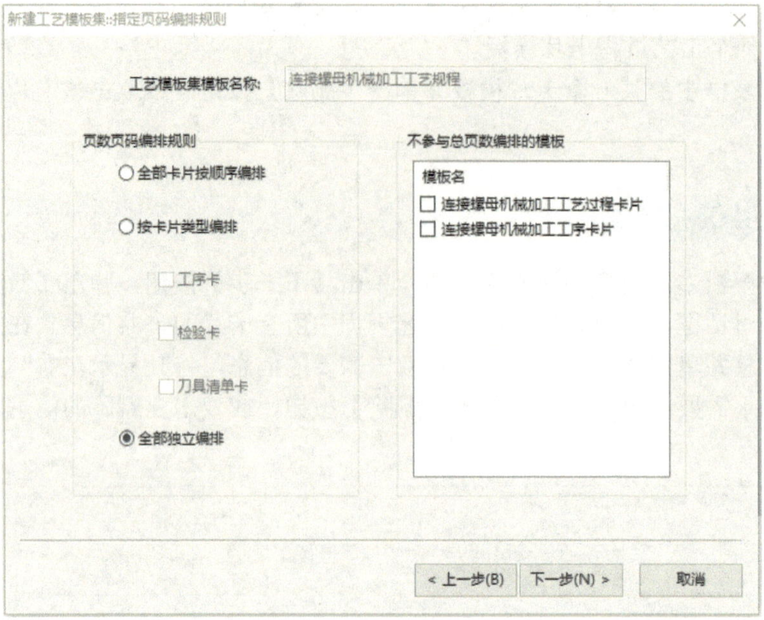

图 2-30 【新建工艺模板集:指定页码编排规则】对话框

2.3.5 默认名称规则定义

单击"下一步"按钮,在弹出的图 2-31 所示【新建模板集:选择默认保存文件名和关联卡片命名结构】对话框中,可以设置文件默认的保存名称,以及工序卡片默认的保存名称规则。单击【完成】按钮,即完成了一个新的模板集的创建。

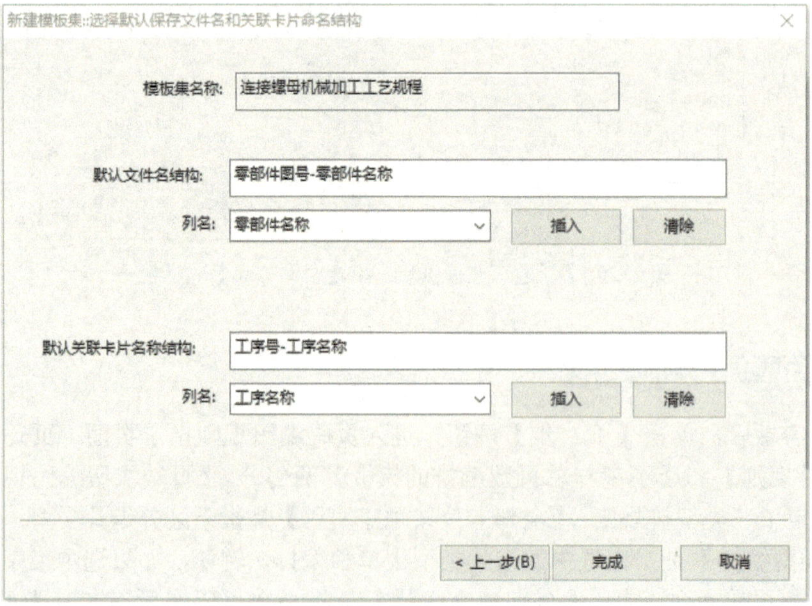

图 2-31 【新建模板集:选择默认保存文件名和关联卡片命名结构】对话框

任务 2.4　用自定义模板进行工艺规程文件编制

2.4.1　创建文件

单击【文件】菜单下的【新建】命令或者单击图标，弹出【新建】对话框，在【工艺规程】选项卡中可以找到新建立的工艺模板，如图 2-32 所示。

2-4
用自定义模板进行工艺规程文件编制

图 2-32　用【我的模板】创建工艺规程

单击【工艺规程】选项卡下的【我的模板】→【连接螺母机械加工工艺规程】，单击【确定】按钮，生成图 2-33 所示的工艺过程卡片。

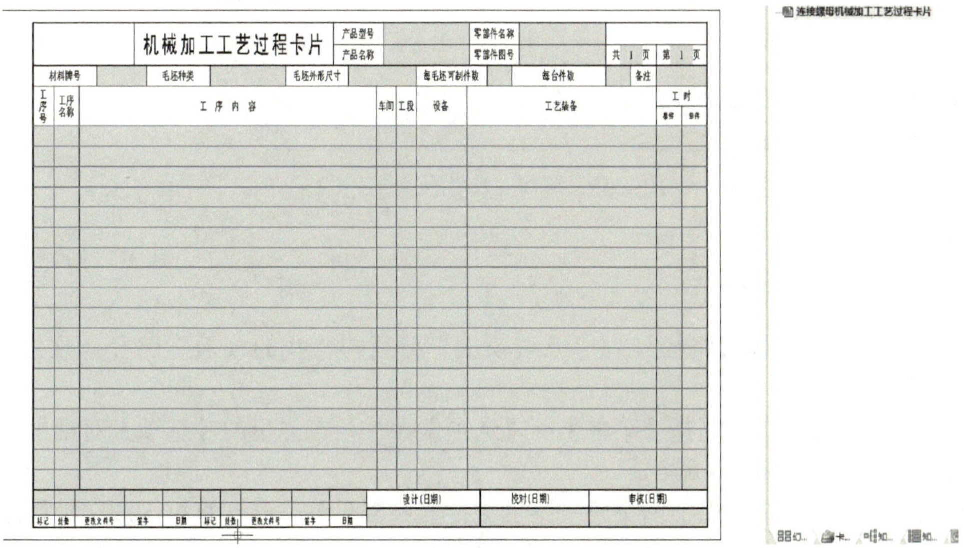

图 2-33　自定义模板生成的工艺过程卡片

根据工艺规程要求填写卡片，填写方法同项目 1。其中，工序"30-车"需要添加续页，方法是单击【卡片树】中的相应节点，右击，在弹出的快捷菜单中选择【添加续页】命令，在随后弹出的【选择卡片模板】对话框中选择【连接螺母机械加工工序卡片】，如图 2-34 所示。单击【确定】按钮生成续页卡片，填写完成后的【卡片树】如图 2-35 所示，最后以.cxp 格式保存该工艺规程即可。

图 2-34　添加工序卡片续页

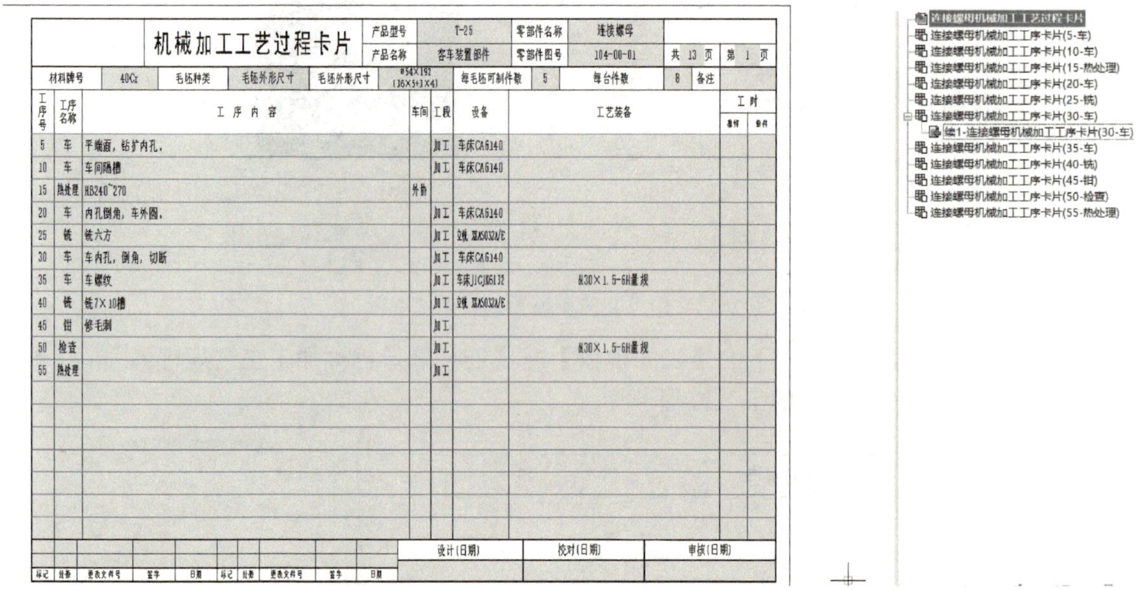

图 2-35　填写完成后的【卡片树】

2.4.2　模板共享

如图 2-36 所示，模板路径分为"系统模板"路径与"我的模板"路径（注意 X 指安装盘）。

如图 2-37 所示，依次选择【菜单】→【选项】命令，在弹出的【选项】对话框【模板路径】选项里可以看到模板文件路径。

共享模板文件时只需将以上两个路径下的文件复制到另外一台计算机，放在模板路径下即可。注意，一套模板应该包含卡片文件.txp 和模板配置文件.xml。

项目2 连接螺母工艺模板定制

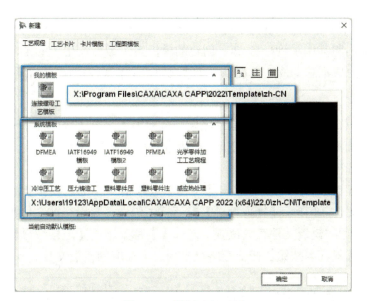

图 2-36 模板路径示例

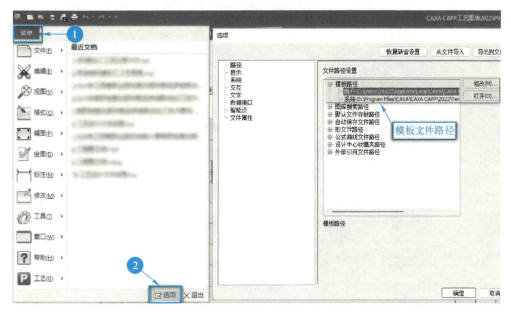

图 2-37 模板路径查询

任务 2.5 汇总卡片定义

2.5.1 向模板集中添加汇总卡片

可以根据需要在自定义的模板集中增加或删除卡片。本项目将对机械加工工艺过程卡片的工序名称、车间、工段、设备、工艺装备等

2-5
汇总卡片定义

列进行统计汇总，以便制定生产作业计划，因此需要增加汇总卡片模板到模板集中。方法是先绘制汇总卡片模板，将其增加到任务 2.3 创建的模板集，最后在生成的工艺规程文件中通过添加卡片附页的方式生成汇总卡片。下面以"工序名称"列汇总为例进行讲解。

1. 抽取模板

"工序名称"汇总表只有工艺内容信息区域与机械加工工艺过程卡片不一致，因此无须完全重画该模板表格，而是复制"机械加工工艺过程卡片"模板文件进行修改，或者对"机械加工工艺过程卡片"进行模板抽取。

在当前创建的工艺文件界面下，单击【工艺】选项卡→【工艺操作】面板→【抽取模板】按钮，在弹出的图 2-38 所示【抽取模板】对话框中勾选【显示当前文件模板】复选框，单击【浏览】按钮选择合适的模板文件存放位置，勾选【名称】下的【连接螺母机械加工工艺过程卡片】复选框，单击【保存】按钮，在保存路径中会出现抽取的模板文件。

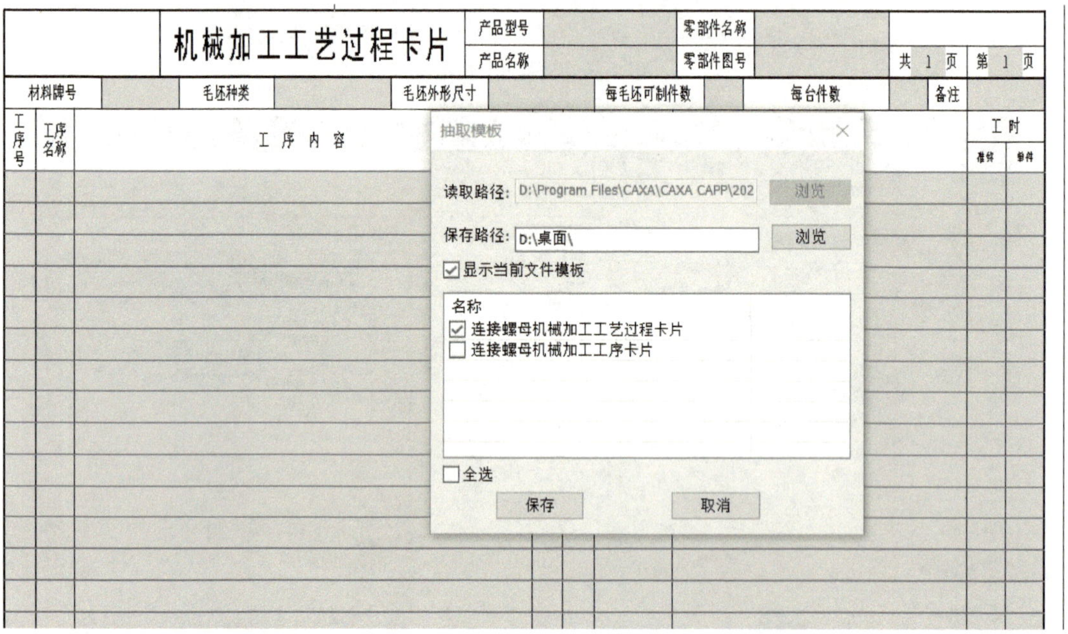

图 2-38 【抽取模板】对话框

打开该模板，单击【模板定制】选项卡→【模板】面板→删除表格按钮，选择需要删除定义的表区，在弹出的对话框中单击【是（Y）】按钮。接着再删除定义的"工序号"列及其他已定义的列，删除后的表格如图 2-39 所示。

2. 修改模板表格

通过【修改】面板下的【修剪】按钮修剪掉不需要的线条，或者选择不需要的线条和文字，按〈Delete〉键进行删除，并修改卡片名称为"工序名称汇总卡片"，如图 2-40 所示。

利用等分线方法进行表格绘制，绘制好后的表格如图 2-41 所示，另存该文件为"连接螺母工序名称汇总卡片.txp"，保存在系统模板路径 C:\Program Files\CAXA\CAXA CAPP\2022\Template\ zh-CN 中（注意：X 为安装盘符）。

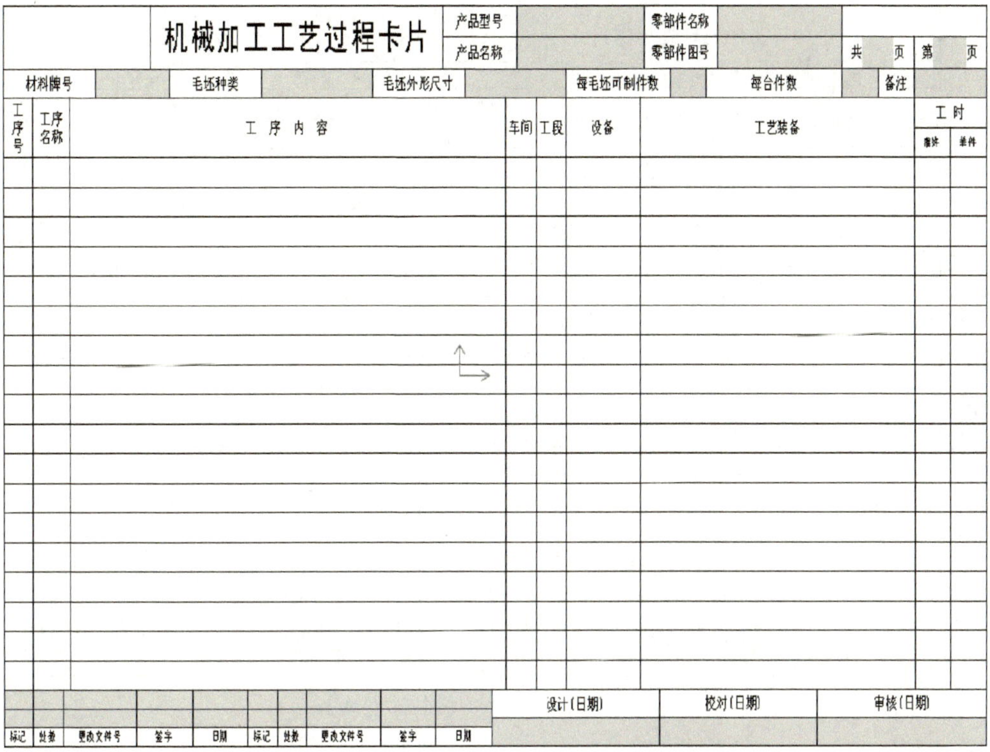

图 2-39　删除定义表区和列后的表格

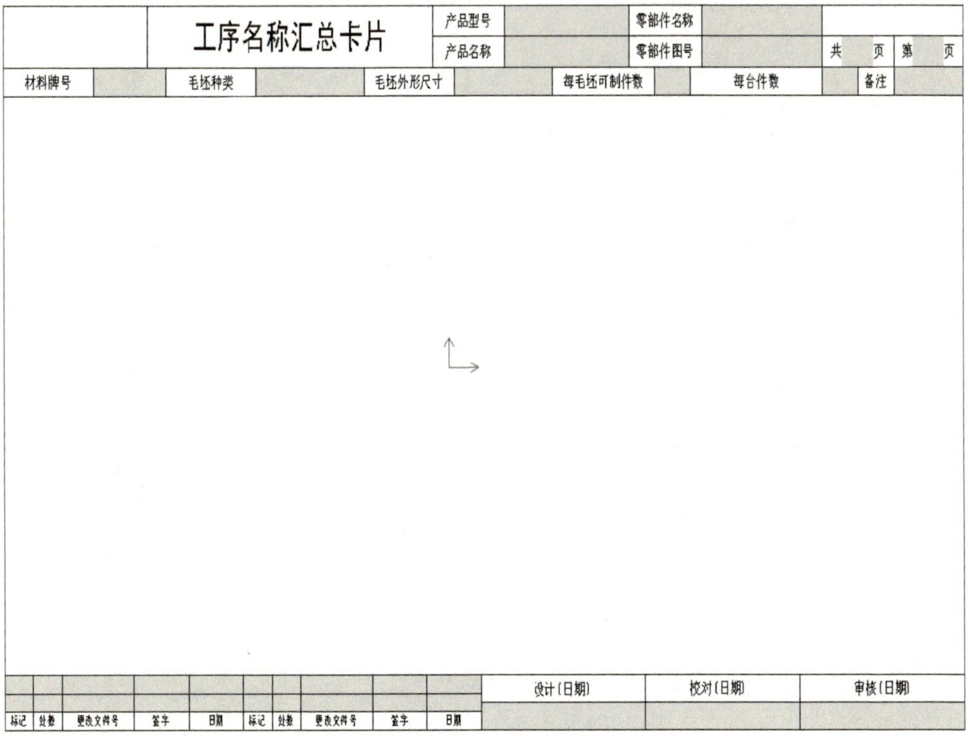

图 2-40　删除线条、修改文字后的工序名称汇总卡片表格

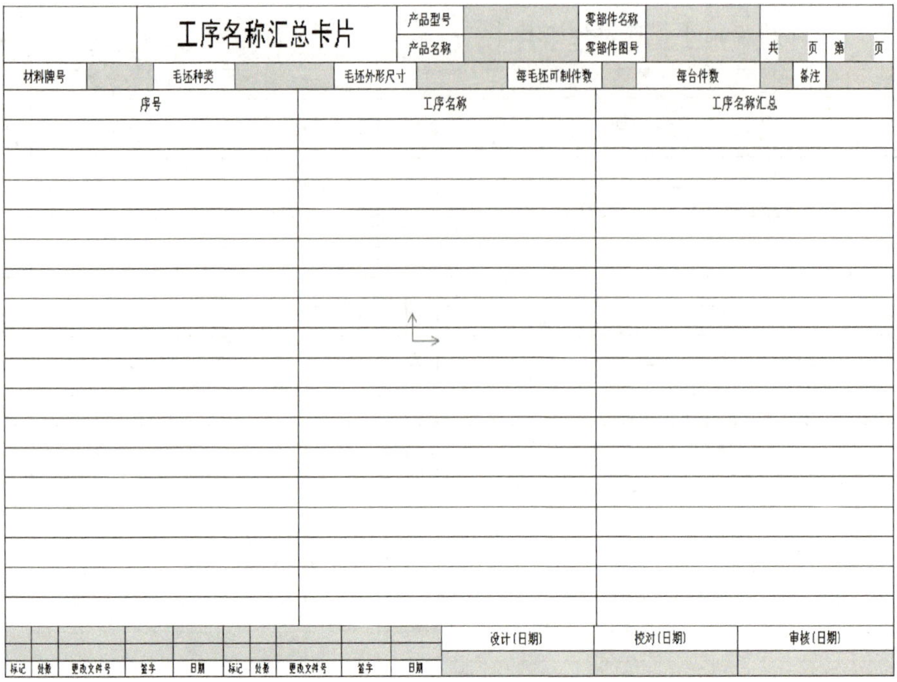

图 2-41　绘制完成的工序名称汇总卡片

3. 定义单元格、表区

"序号"列的【单元格名称】为"序号",【域名称】定义为"序号",如图 2-42 所示。

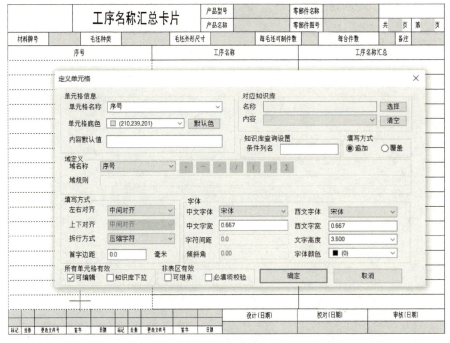

图 2-42　"序号"列的定义

"工序名称"列的【单元格名称】定义为"工序名"(注意不能定义为"工序名称",否则会形成环形依赖),【域名称】定义为"汇总单元",【域规则】定义为"工序名称",如图 2-43

所示。

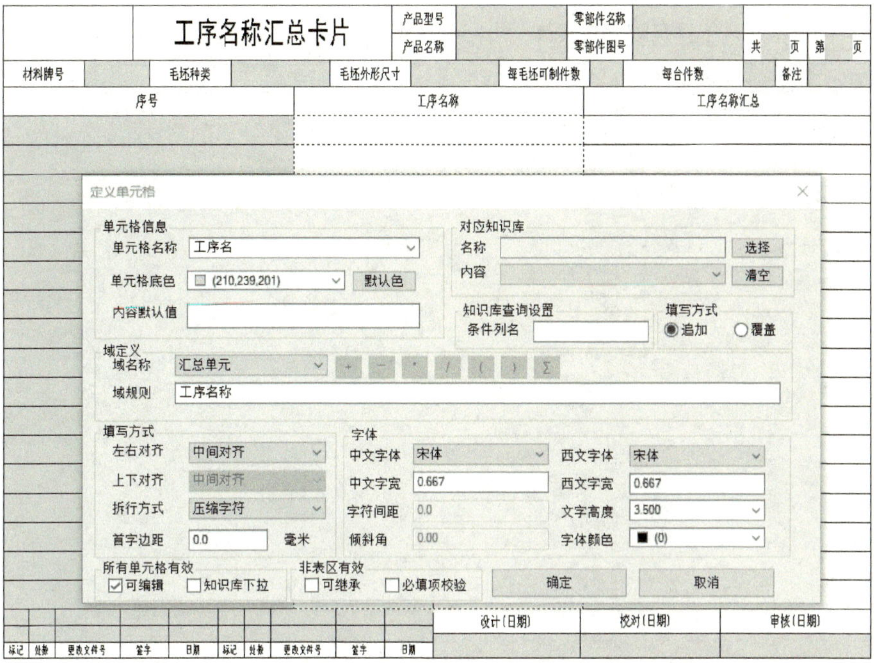

图 2-43 "工序名称"列的定义

"工序名称汇总"列的【单元格名称】定义为"工序名称汇总",【域名称】定义为"汇总求和",【域规则】定义为"工序名称",如图 2-44 所示。

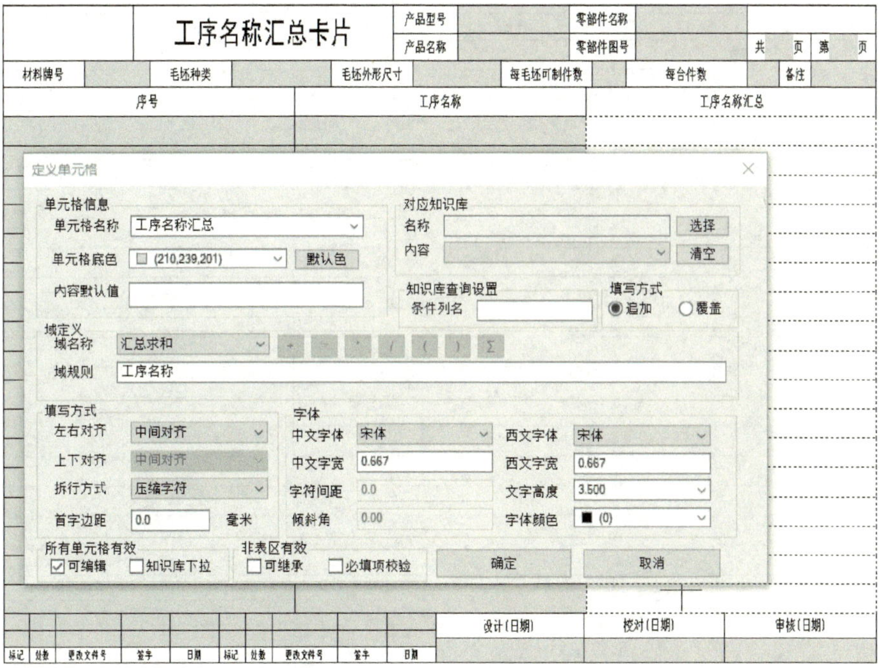

图 2-44 "工序名称汇总"列的定义

最后定义表区。在【模板】面板中单击【定义表区】按钮,弹出图 2-45 所示的"定义表区"对话框，勾选所有复选框，定义完成后的模板如图 2-46 所示。

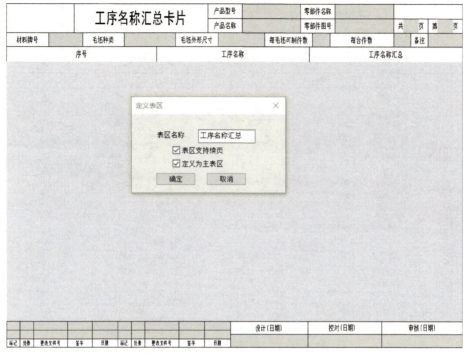

图 2-45 【定义表区】对话框

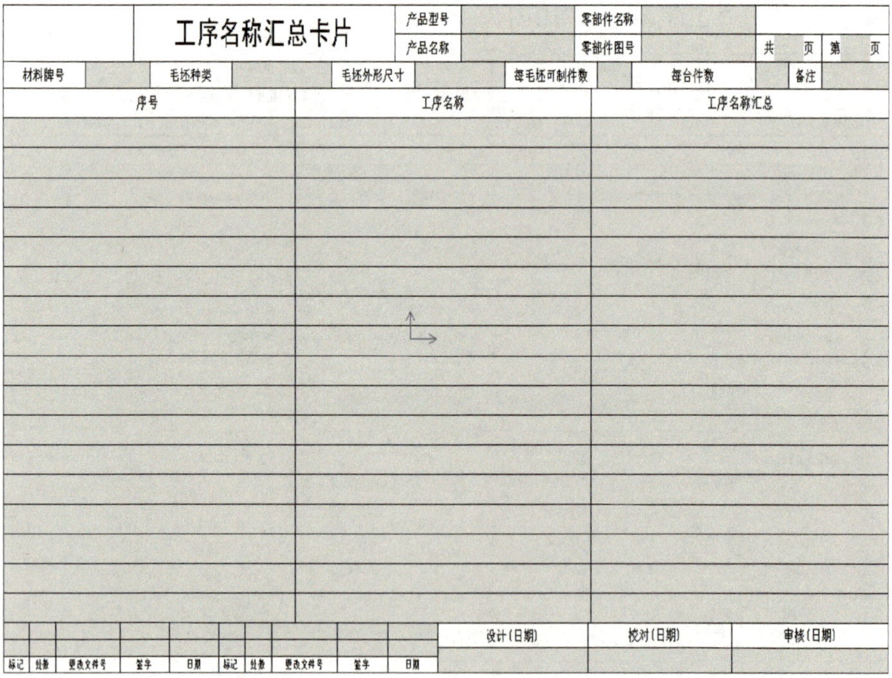

图 2-46 定义完成后的工序名称汇总卡片模板

4. 添加汇总卡片至模板集

创建完成后的工序名称汇总卡片模板须添加到"连接螺母机械加工工艺规程"模板集中才

能实现统计效果。单击【模板】面板中的【模板管理】按钮,在弹出的图 2-47 所示【模板集管理】对话框中选择【模板集名】为"连接螺母机械加工工艺规程",在左边的【工艺卡片模板】列表框中选择"连接螺母工序名称汇总卡片",如图 2-48 所示,单击【添加】按钮,再单击【确定】按钮完成卡片添加。

图 2-47 选择自定义的模板集名

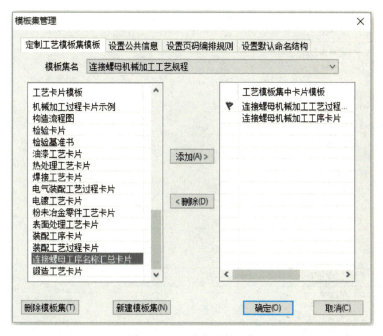

图 2-48 汇总卡片的添加

添加完成后的界面如图 2-49 所示。

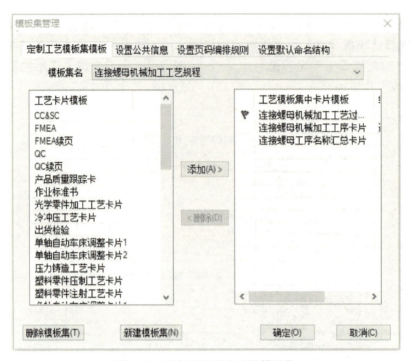

图 2-49　添加了汇总卡片的模板集

2.5.2　工序名称汇总

此时切换到创建好的工艺卡片界面，如图 2-50 所示。

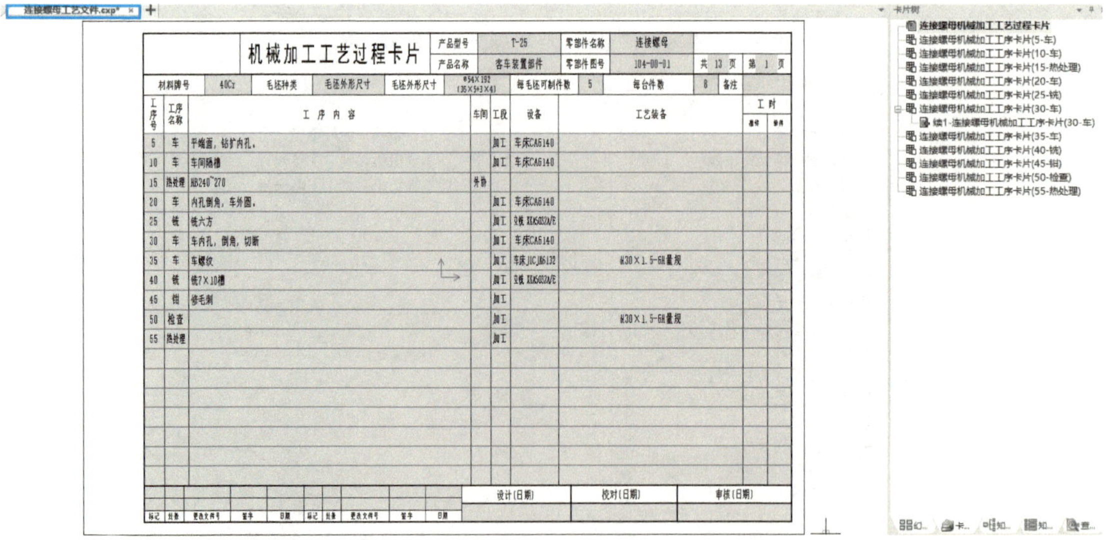

图 2-50　切换到工艺卡片界面

单击【工艺】→【卡片操作】→【编辑当前规程】按钮，弹出图 2-51 所示的【编辑当前规程中模板】对话框。

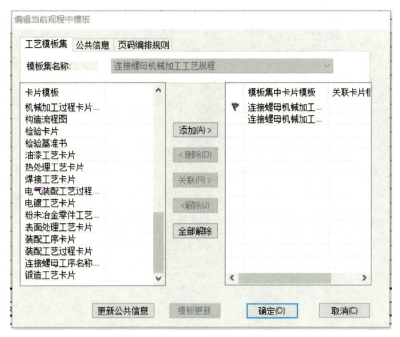

图 2-51 【编辑当前规程中模板】对话框

在【卡片模板】列表框中选择"连接螺母工序名称汇总卡片",单击【添加】按钮后如图 2-52 所示,再单击【确定】按钮完成卡片添加。

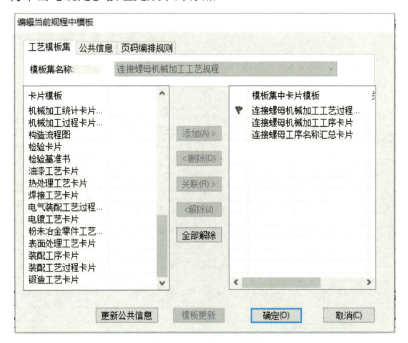

图 2-52 添加汇总卡片

在右侧【卡片树】的最后一个节点处右击,在弹出的快捷菜单中选择【添加附页】,如图 2-53 所示。

单击【添加附页】后弹出图 2-54 所示的【选择卡片模板】对话框,选择汇总卡片,单击【确定】按钮,最后生成的工序名称汇总卡片如图 2-55 所示。

图 2-53　添加附页进行汇总

图 2-54 【选择卡片模板】对话框

工序名称汇总卡片		产品型号	T-25	零部件名称	连接螺母		
		产品名称	客车装置部件	零部件图号		共 14 页	第 14 页

材料牌号	40Cr	毛坯种类	毛坯外形尺寸	毛坯外形尺寸	Φ54×192 (36×5+3×4)	每毛坯可制件数	5	每台件数	8	备注

序号	工序名称	工序名称汇总
1	车	5
2	热处理	2
3	铣	2
4	钳	1
5	检查	1

标记	处数	更改文件号	签字	日期	标记	处数	更改文件号	签字	日期	设计(日期)	校对(日期)	审核(日期)

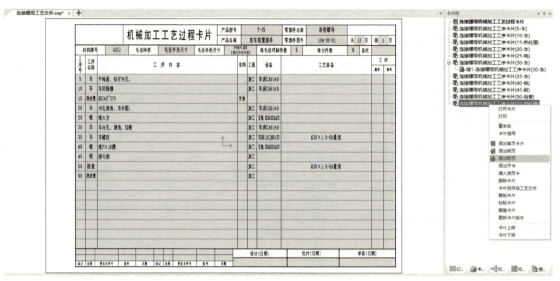

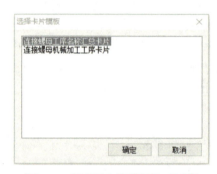

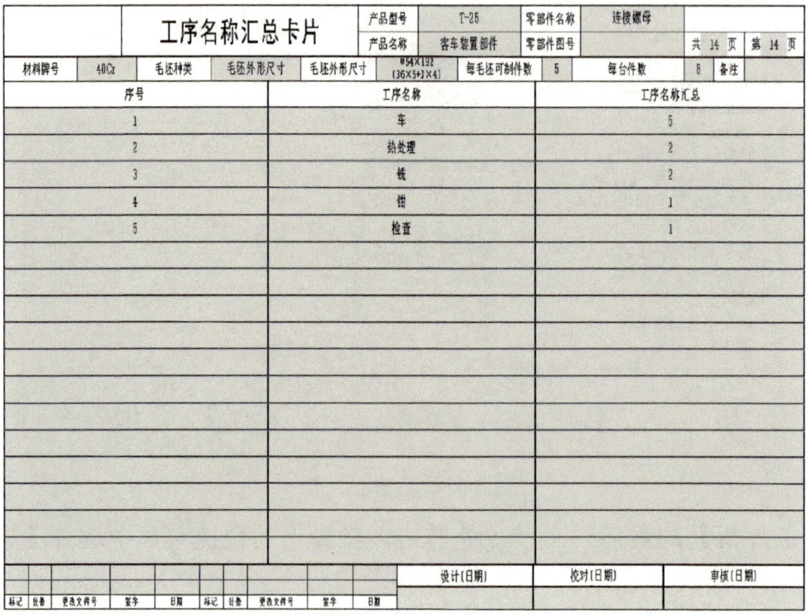

图 2-55　工序名称汇总结果

如果要对车间、工段、设备、工艺装备等其他列信息进行统计汇总，则方法与工序名称汇总卡片制作方法类似，将【域规则】改成相应的列名称即可。

【习题】

一、判断题

1．定制模板集时，允许指定材料牌号、毛坯种类和工序名称为公共信息。（   ）
2．定制卡片模板时，工序号须进行域定义，工序名称可以选择知识库。（   ）

二、选择题

1．在汇总工艺过程卡片的"工序名称"列时，发现相同的两个工序名称没有合并而被分开列出，则可能的原因是（   ）。
  A．工序名称汇总模板的"工序名称"列定义的单元格名称与工艺过程卡片的"工序名称"列定义的单元格名称相同
  B．工序名称汇总模板的【域规则】定义成了"工序名称"，应定义成"工序名称汇总"
  C．工艺过程卡片上的相同工序名称有一些出现了空格
  D．工序名称汇总模板的【域名称】应定义为汇总求和

2．用自定义模板生成工艺规程文件时，发现工艺内容待填写区没有出现红线，则可能的原因是（   ）。
  A．没有正确定义工序号域
  B．没有定义工序名称知识库
  C．没有定义工序内容知识库
  D．没有定义表区

三、简答题

1．绘制卡片模板前，需要注意哪几个要点？
2．简述卡片模板绘制完成后，进行卡片模板定义的步骤。

项目 3　航空杯注射模工艺汇总

教学目标

知识目标：
1. 掌握工艺数据汇总的基本流程。
2. 掌握工艺数据汇总的数据来源与数据导入原因。
3. 掌握三表等工艺常用汇总表的概念和内容。
4. 能分析和辨别不同汇总表格的格式要求与所需匹配的数据内容。

能力目标：
1. 掌握装配图标题栏、明细栏数据导入。
2. 掌握零件图标题栏和自制件的工艺文件数据导入。
3. 掌握数据库中标题栏、明细栏、公共信息以及工艺卡片工艺信息定制。
4. 掌握各类报表定制以及 Excel 文件的输出。

素养目标：
1. 养成规范化制定数据汇总模板并汇总数据的习惯，形成良好的职业素养。
2. 建立对新技术良好的认知能力和严谨踏实的工作作风。
3. 培养使用数字化工程工具解决新工艺数据汇总问题的能力。

项目分析

航空杯注射模的报表定制包含标准件汇总、零件分类汇总、产品零件工艺路线汇总、工时定额汇总、工时定额明细汇总、工序成本汇总、设备成本汇总等多种报表形式，其定制方法类似，都是新建报表及添加条件、定制报表的表头信息和内容信息，设置 Excel 输出格式，最后汇总输出，不同的是报表类型的选择及表头信息查询项和内容信息属性列的添加方法。

任务 3.1　数据导入

CAXA CAPP 工艺汇总表的汇总信息包括 CAD 中的基础数据和 CAPP 的基本信息。CAD 中的基础数据如电子图板中的标题栏信息、明细表信息，CAPP 的基本信息包括工艺规程、工艺卡片的信息。

为了能够顺利提取 CAD 和 CAPP 中的信息，CAXA CAPP 工艺汇总表的汇总信息应该和标题栏、明细表或工艺卡片的信息相一致，这样工艺汇总表才能识别 CAD 和 CAPP 数据并提取出来。

3-1 数据导入

项目 3　航空杯注射模工艺汇总

以航空杯注射模的信息导入为例,包括三步。
1)导入总装图信息,即总装图标题栏和明细栏信息;
2)导入零件图信息,即零件图的标题栏信息;
3)导入零件的工艺文件信息,即工艺过程卡片、工序卡片及其他卡片等的信息。

3.1.1　连接数据库

单击桌面上的【CAXA CAPP 工艺图表 2022】图标,打开图 3-1 所示的工艺汇总表界面。

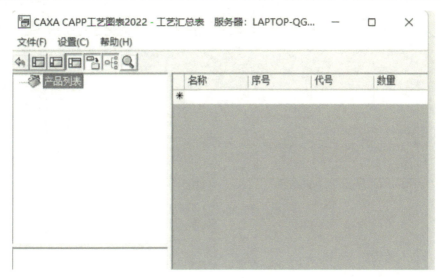

图 3-1　工艺汇总表界面

选择【文件】→【用户登录】命令,如图 3-2 所示,正确设置服务器名称(对机房分发软件安装的应执行该步骤)。

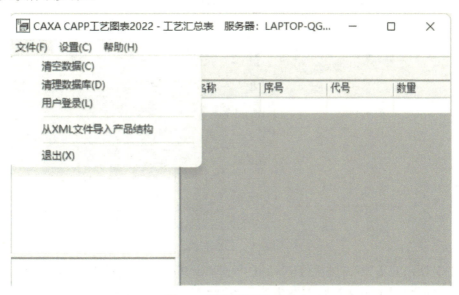

图 3-2　【用户登录】命令

在图 3-3 所示的【服务器】文本框中设置本机的计算机名作为服务器名。查看计算机名可以右击桌面的【计算机】图标，选择【属性】命令，在打开的窗口中即可找到，输入该名称为服务器名后单击【确定】按钮。

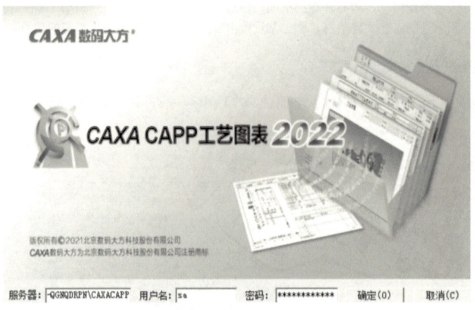

图 3-3　修改服务器名

3.1.2　导入图纸

在工艺汇总表界面下右击【产品列表】节点，在弹出的快捷菜单中选择【导入总装图】命令，如图 3-4 所示。

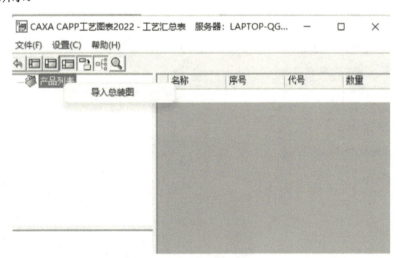

图 3-4　导入总装图

在图 3-5 所示的【导入总装图】对话框中选择 C:\Program Files\CAXA\CAXA CAPP\2022\CaxaSum\CAXASum\Samples\Mng 目录下的 Pic0.exb 文件，单击【打开】按钮，导入总装图。

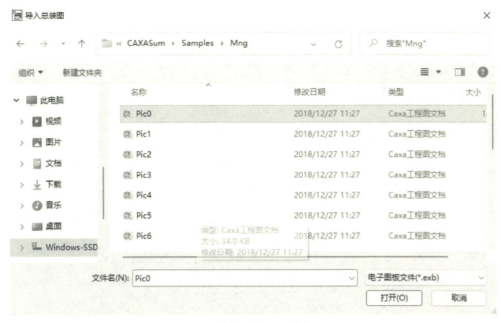

图 3-5 选择总装图文件并导入

导入后单击【航空杯注射模（Z-082）】节点，并单击工具栏中的【显示表头】按钮，显示的界面如图 3-6 所示。

图 3-6 导入总装图后的数据界面

右击图 3-6 所示的【航空杯注射模（Z-082）】节点，在弹出的快捷菜单中选择【导入数据】，弹出图 3-7 所示的【导入总装图】对话框，选择 Pic1.exb 文件后按住〈Shift〉键选择最后一个文件 Pic18.exb，单击【打开】按钮，导入所有零件图。

图 3-7　导入所有零件图

导入后单击工艺汇总表界面中的零件图节点可以看到零件图的标题栏信息已被导入，如图 3-8 所示。

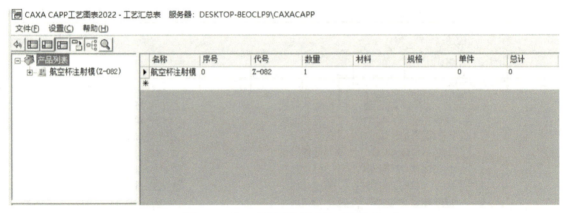

图 3-8　导入零件图数据后显示的信息

3.1.3　导入工艺

此时可以发现零件图的工艺文件信息还没有导入，需继续导入数据。同样，右击图 3-6 所示的【航空杯注射模（Z-082）】节点，在弹出的快捷菜单中选择【导入数据】，弹出图 3-9 所示的【导入总装图】对话框，切换右下角的文件类型为*.cxp,选择 C:\Program Files\CAXA\CAXA CAPP\2022\CaxaSum\CAXASum\Samples\工艺文件目录下的 Pic1.cxp 文件后按住〈Shift〉键选择最后一个文件 Pic21.cxp，单击【打开】按钮，导入所有零件的工艺文件数据。

项目 3　航空杯注射模工艺汇总

图 3-9　导入所有零件的工艺文件数据

单击图标为 的零件节点，在左下方显示有【机械加工工艺规程】，单击下方的【机械加工工艺过程卡片】节点，在界面右侧即可显示该零件的工艺文件信息，如图 3-10 所示。自此所有数据导入完成。

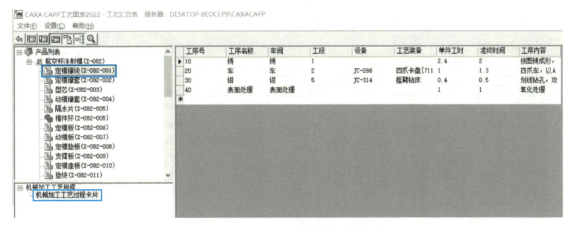

图 3-10　导入工艺文件信息后的界面

任务 3.2　数据汇总

3.2.1　标准件汇总

根据图 3-11 所示的航空杯注射模标准件汇总表的 Excel 文件模板，进行汇总输出。

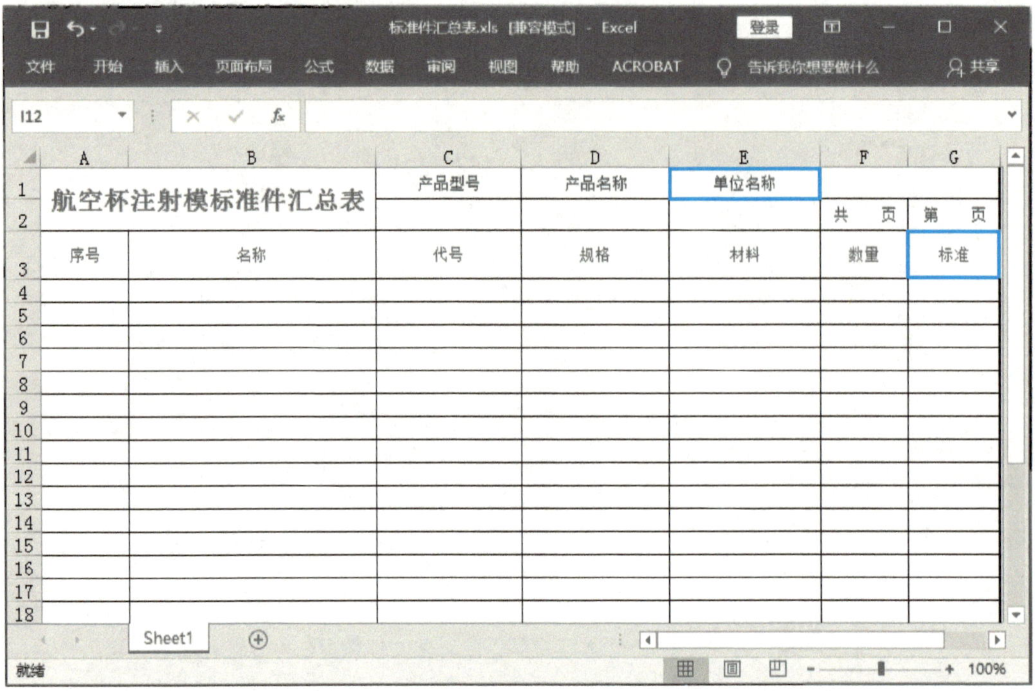

图 3-11 所示。

图 3-11 航空杯注射模标准件汇总表

双击桌面上的【CAXA 数据库定制】图标，打开图 3-12 所示的数据库定制界面。

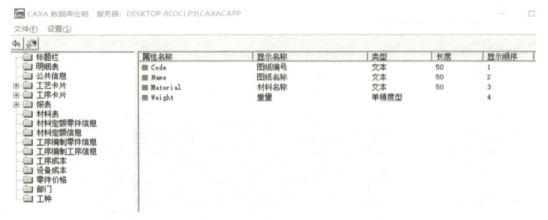

图 3-12 数据库定制界面

可以发现在【标题栏】节点的右侧属性名称中并没有出现需要在 Excel 文件中输出的"单位名称"表头信息，【明细表】节点的右侧属性名称中也没有出现 Excel 文件中要输出的"标准"信息，如图 3-11 中蓝框处。因此应先增加这两项属性信息才能汇总，它们分别属于航空杯注射模的标题栏和明细表。

1. 查找属性名称

双击桌面的【CAXA CAPP 工艺图表】图标，打开工艺图表软件，单击【打开文件】按钮，打开位于 C:\Program Files\CAXA\CAXA CAPP\2022\CaxaSum\CAXASum\Samples\Mng 目录下的 Pic0.exb 文件（总装图），并切换到【图幅】选项卡下，如图 3-13 所示。

项目 3　航空杯注射模工艺汇总

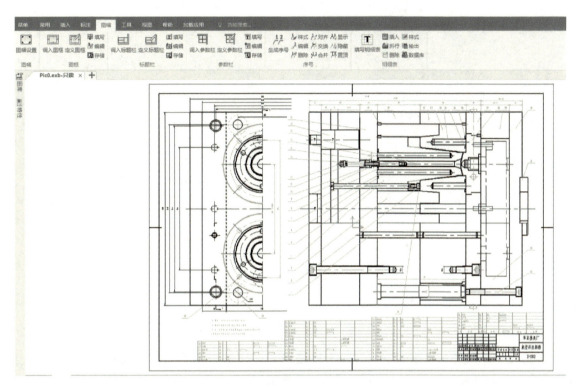

图 3-13　打开航空杯注射模总装图

单击【标题栏】面板中的【编辑】按钮，界面如图 3-14 所示，出现【块编辑器】选项卡。

图 3-14　【块编辑器】选项卡

双击标题栏中的【单位名称】属性，弹出图 3-15 所示的【属性定义】对话框，可以看到该单元格定义的属性名称为"单位名称"。

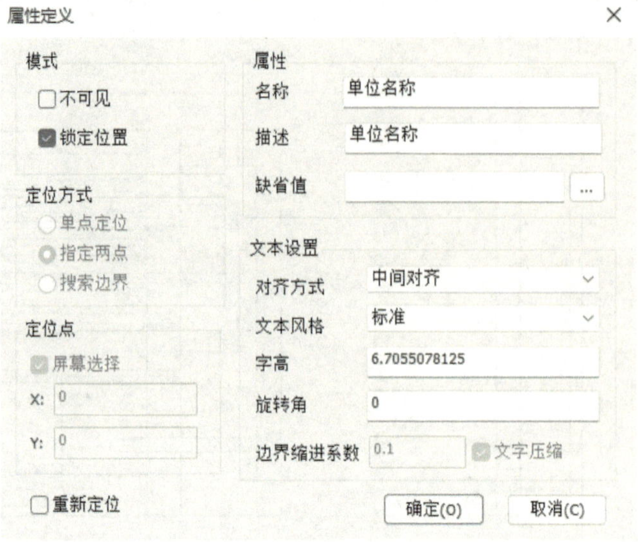

图 3-15 查看定义的单元格属性名称

单击【退出块编辑】按钮，退出块编辑界面，单击【明细表】面板中的【填写明细表】按钮，在弹出的图 3-16 所示【填写明细表（GB）】对话框中可以看到"标准"列信息的列表头属性名为"标准"。

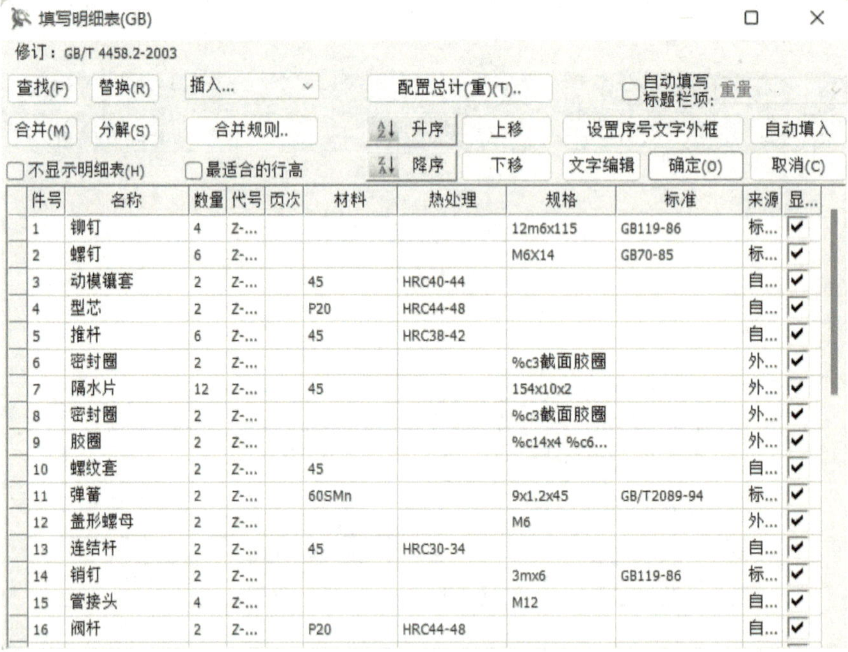

图 3-16 查看明细表列属性名

3-3
增加属性

2. 增加属性

在打开的 CAXA 数据库定制界面中右击【标题栏】节点，在弹出的快捷菜单中选择【新建属性】后弹出【新建属性】对话框，输入【属性名称】、【显示名称】、【显示顺序】等信息后如图 3-17 所示，单击【确定】按钮退出设置。

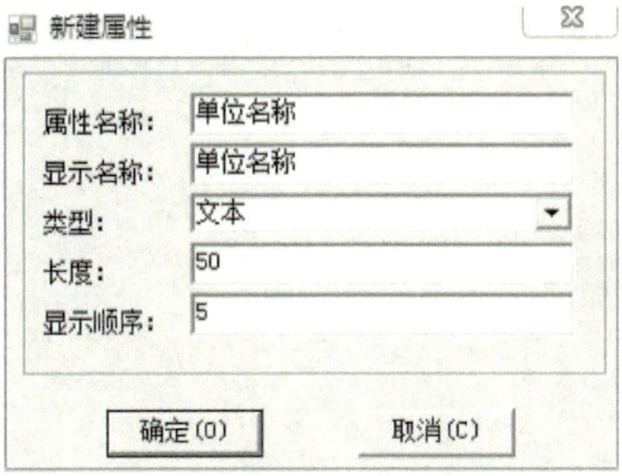

图 3-17　新建"单位名称"属性

增加"单位名称"属性后的 CAXA 数据库定制界面如图 3-18 所示。

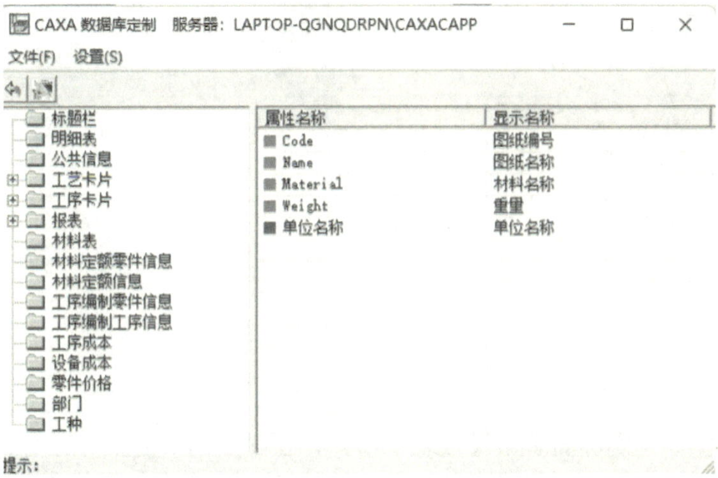

图 3-18　增加的"单位名称"属性

右击【明细表】节点，在弹出的快捷菜单中选择【新建属性】命令，弹出【新建属性】对话框，输入【属性名称】、【显示名称】、【显示顺序】等信息后如图 3-19 所示，单击【确定】按钮退出设置。

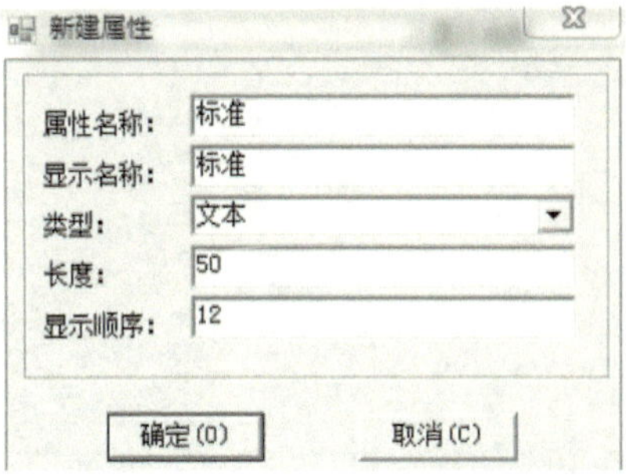

图 3-19　新建"标准"属性

增加"标准"属性后的 CAXA 数据库定制界面如图 3-20 所示。

再次进入工艺汇总表界面，重新导入总装图 Pic0.exb 后可以发现所增加属性项的信息已显示出来，如图 3-21 所示。

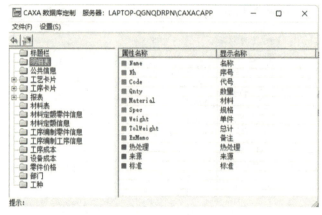

图 3-20　增加的"标准"属性

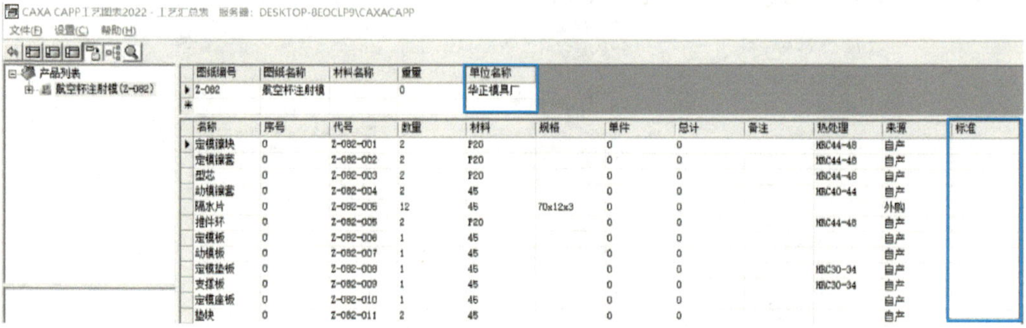

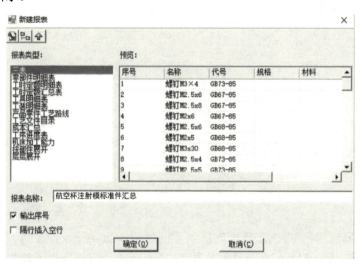

图 3-21　增加属性项后的数据

3. 新建报表

在 CAXA 数据库定制界面右击【报表】节点，在弹出的快捷菜单中选择【新建报表】命令，弹出【新建报表】对话框，选择【报表类型】为"三表"，输入【报表名称】为"航空杯注射模标准件汇总"，如图 3-22 所示。

3-4
新建报表

图 3-22　【新建报表】对话框

单击图 3-23 所示左上角的"条件"图标，在弹出的【条件】对话框中单击【添加条件】按钮。

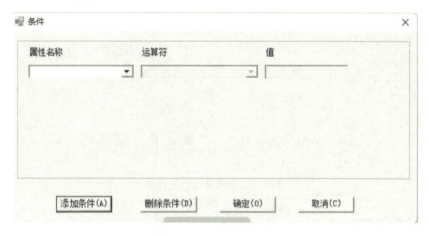

图 3-23 【条件】对话框

单击【属性名称】下的倒三角按钮，在弹出的【选择属性】对话框中选择【明细表】的【来源】属性项，如图 3-24 所示。

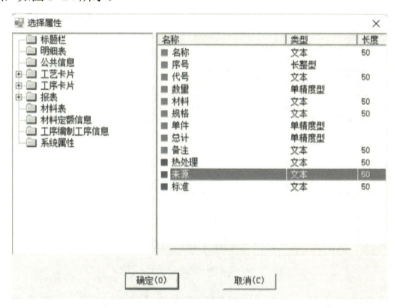

图 3-24 【选择属性】对话框

单击【确定】按钮，返回【条件】对话框，设置【运算符】为"包含"，【值】为"标准"，如图 3-25 所示，单击【确定】按钮后再单击返回的【新建报表】对话框中的【确定】按钮，完成数据筛选的条件设置。

4．添加表头信息查询项

在【航空杯注射模标准件汇总】节点下的【表头信息】处右击并选择【添加查询项】，弹出图 3-26 所示的【添加查询项】对话框。

3-5 添加表头信息查询项

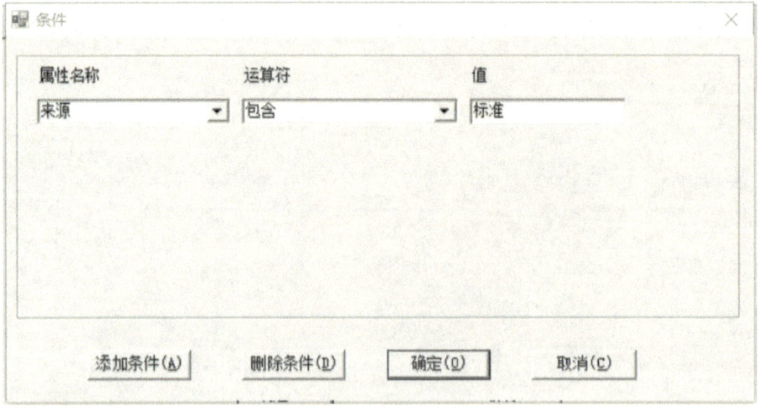

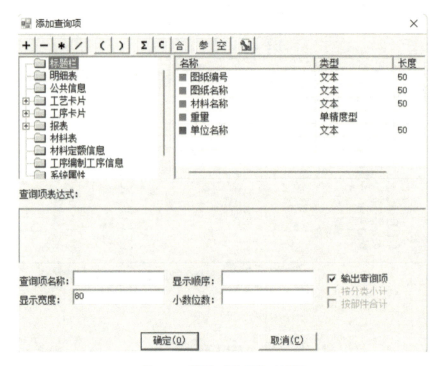

图 3-25　数据筛选条件设置

图 3-26　【添加查询项】对话框

单击左边的【标题栏】节点，双击右边列表框内的【图纸编号】，并把【查询项名称】改为"产品型号"，单击【确定】按钮完成"产品型号"查询项的添加。也可以选择【公共信息】节点对应的【产品型号】属性，完成"产品型号"查询项的添加。

对于"产品名称"查询项的添加，同样单击图 3-26 所示的【标题栏】节点，双击右边列表框内的【图纸名称】，并把【查询项名称】改为"产品名称"，单击【确定】按钮即可或者选择【公共信息】节点对应的【产品名称】属性，完成"产品名称"查询项的添加。

对于"单位名称"查询项的添加，同样单击图 3-26 所示的【标题栏】节点，双击右边列表框内的【单位名称】，单击【确定】按钮即可。

技巧提示：

很多图纸里面把"图纸编号"称为"产品型号"，把"图纸名称"称为"产品名称"，因此可以在【标题栏】里为"图纸编号"和"图纸名称"创建别名属性，分别为"产品型号"和"产品名称"，方法如下：右击【标题栏】节点对应的【Code】属性名称，弹出图 3-27 所示的快捷菜单，选择【别名属性】，在弹出的图 3-28 所示对话框中输入【显示名称】和【显示顺序】等信息，单击【确定】按钮完成"图纸编号"别名属性的创建。

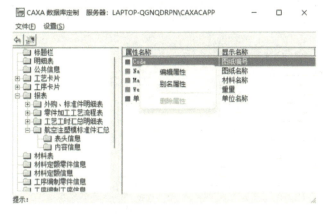

图 3-27 创建别名属性

图 3-28 输入别名属性信息

用同样的方法可以为【标题栏】节点对应的【Name】属性名称创建"产品名称"的别名属性，创建后的界面如图 3-29 所示。

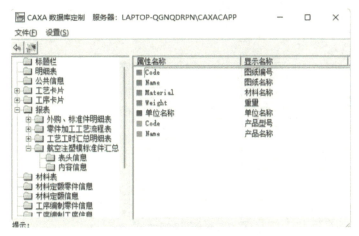

图 3-29 创建别名属性后的界面

添加查询项后表头信息显示如图 3-30 所示。

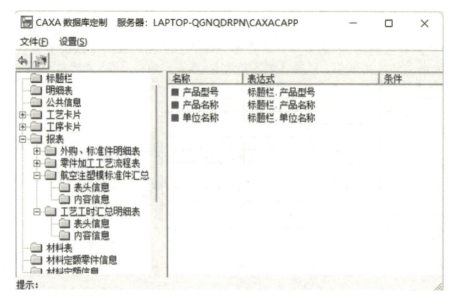

图 3-30　添加查询项后的表头信息

5. 添加内容信息列

3-6
添加内容
信息列

右击【航空杯注射模标准件汇总】节点下的【内容信息】，并选择【添加列】命令，在弹出的【添加列】对话框中，单击【明细表】节点，双击右侧的"名称"列，添加该列，如图 3-31 所示。

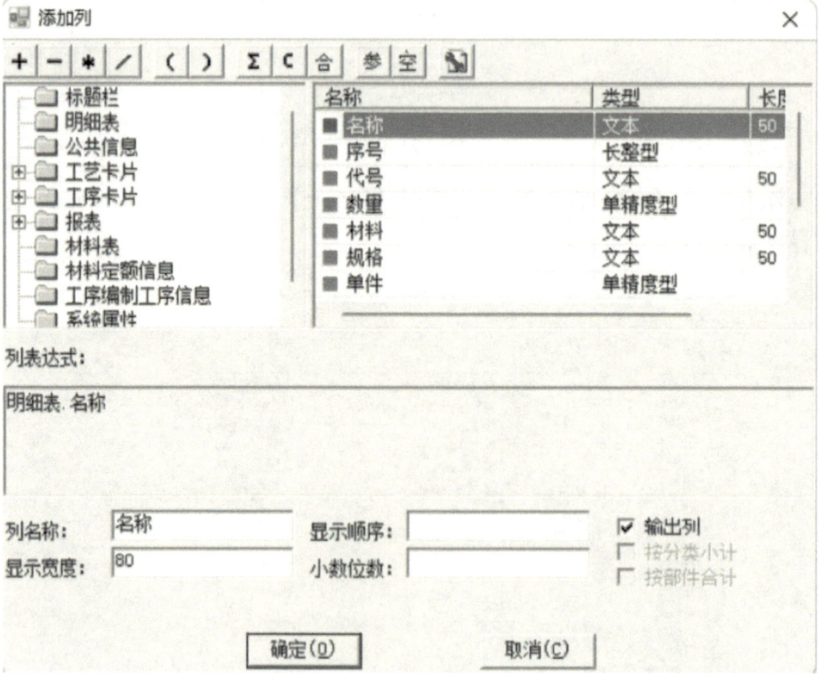

图 3-31　添加"名称"列

根据图 3-11 所示的 Excel 表输出要求，按添加"名称"列类似的方法添加其他列，完成内容信息的列添加，添加后的界面如图 3-32 所示。

图 3-32 添加列后的内容信息

6. 汇总报表

右击 CAXA 工艺汇总表界面的【航空杯注射模（Z-082）】节点，在弹出的图 3-33 所示快捷菜单中选择【汇总】命令，弹出图 3-34 所示的【汇总】界面，在左侧的【报表】节点下右击【航空杯注射模标准件汇总】节点，在弹出的快捷菜单中选择【汇总报表】命令，得到图 3-35 所示的汇总结果。

3-7
汇总报表

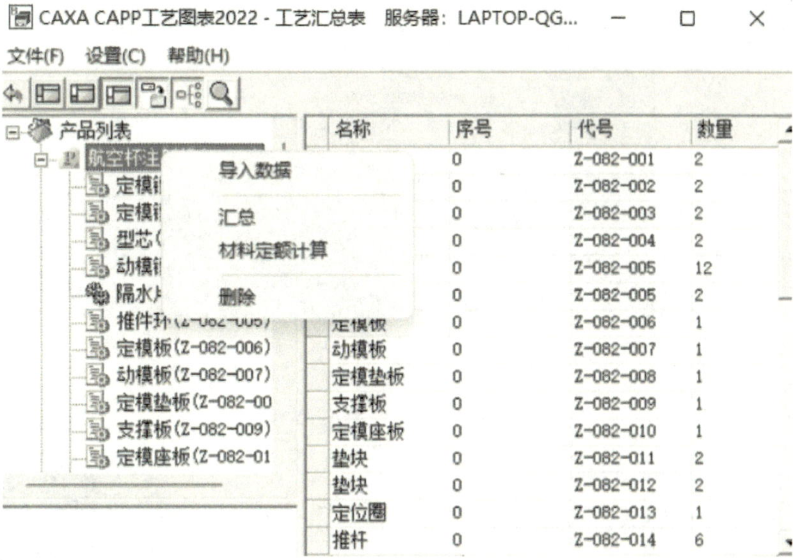

图 3-33 汇总

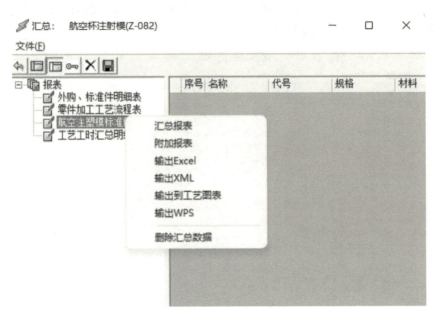

图 3-34 汇总报表

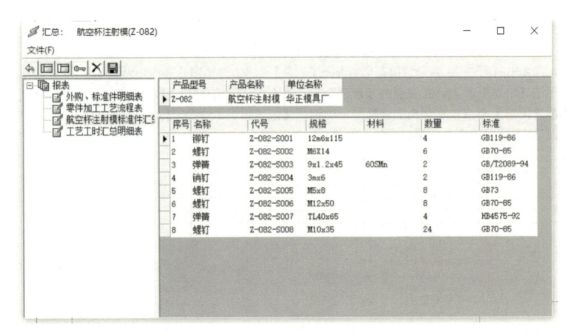

图 3-35 汇总结果

7. 设置 Excel 文件输出格式

在图 3-36 所示的 CAXA 数据库定制界面下，右击【航空杯注射模标准件汇总】节点。

3-8
设置 Excel 文件输出格式

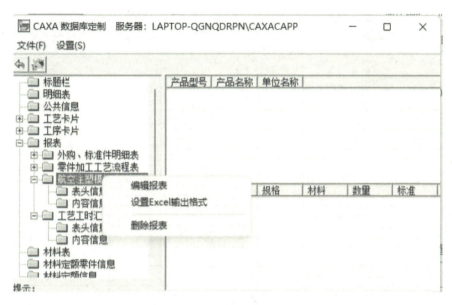

图 3-36 设置 Excel 输出格式

在弹出的快捷菜单中选择【设置 Excel 输出格式】，弹出【设置 Excel 输出格式】对话框，输入相应的报表信息，如图 3-37 所示。其中，【行步长】为 2，表示一条数据输出占两行。

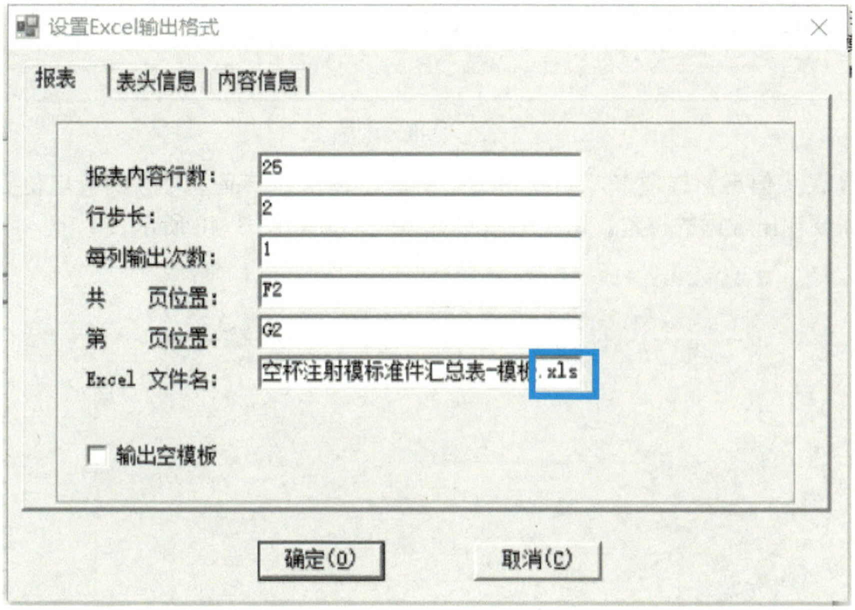

图 3-37 报表信息设置

输入的信息根据"标准件汇总表.xls"文件确定，如图 3-38 所示。需要注意的是，【Excel 文件名】输入的是报表所使用的模板名称，此模板文件需要事先存储在工艺汇总表安装目录下的 Template 文件夹中，例如 C:\Program Files\CAXA\CAXA CAPP\2022\CAXASum\Template。输入 Excel 文件名后一定要带有文件类型后缀，例如".xls"，否则无效，且 Excel 模板文件只能有一个 Sheet。

图 3-38　标准件汇总表

切换到【表头信息】选项卡，如图 3-39 所示，设置"产品型号"的输出位置，在 Excel 表格中单击需要输出数据的位置，即可获取单元格坐标，如图 3-40 所示。

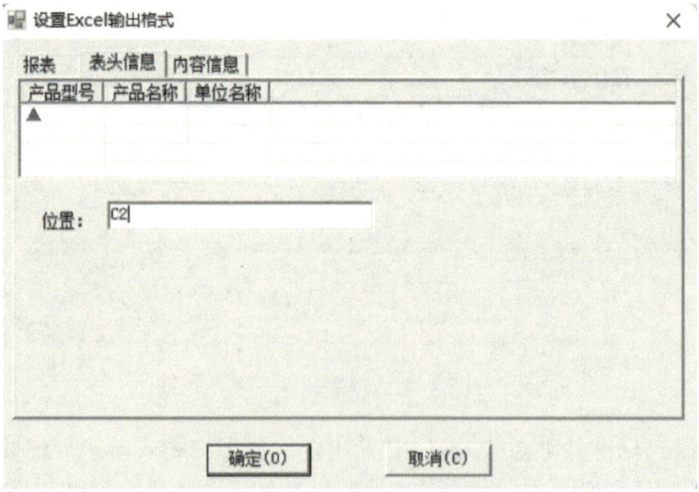

图 3-39　表头信息输出位置

"产品名称"和"单位名称"的位置获取方法同"产品型号"相似。

内容信息的位置设置如图 3-41 所示。

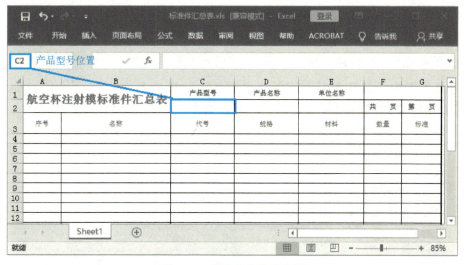

图 3-40　获取表头信息位置

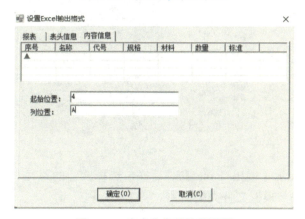

图 3-41　内容信息的位置设置

其位置信息根据图 3-42 确定：单击需要输出数据的位置，获取左上方的单元格坐标，根据首行输出位置和输出列的位置进行图 3-41 所示位置信息的填写。

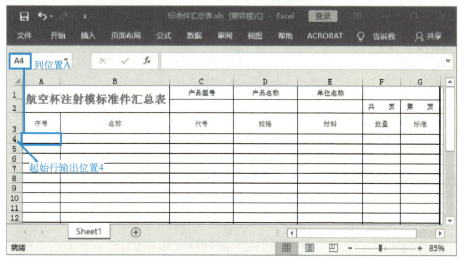

图 3-42　获取内容信息位置

"名称""代号"和"规格"等列获取位置的方法同"序号"列相似。位置信息全部录入后，单击【确定】按钮完成设置。

8. 输出汇总结果的 Excel 文件

右击汇总界面内【报表】节点下的【航空杯注射模标准件汇总】，在弹出的快捷菜单中选择【输出 Excel】命令，如图 3-43 所示。

3-9 输出报表

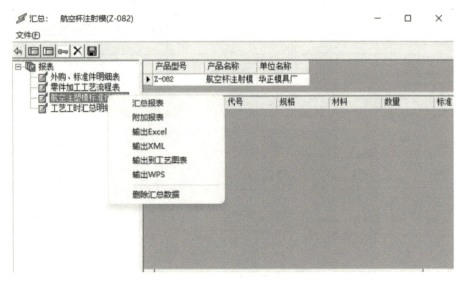

图 3-43　输出 Excel

在弹出的图 3-44 所示【输出 Excel】对话框中选择合适的路径和文件名以保存文件。注意：选择的保存类型需要与模板文件类型一致。

图 3-44　保存输出文件

打开输出的文件，显示输出结果，如图 3-45 所示。

项目 3　航空杯注射模工艺汇总

图 3-45　输出的 Excel 文件内容

3.2.2　零件分类汇总

3-10
零件分类汇总

根据图 3-46 所示的航空杯注射模零件分类汇总 Excel 文件，进行汇总输出。

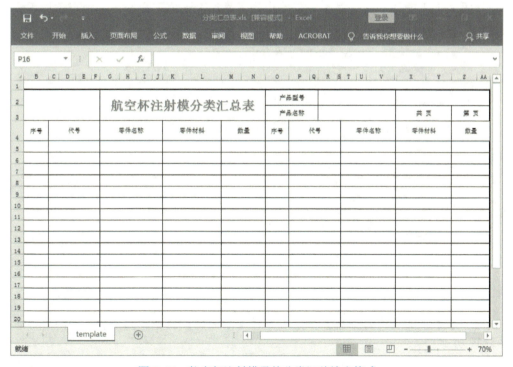

图 3-46　航空杯注射模零件分类汇总输出格式

1. 新建报表

在 CAXA 数据库定制界面右击【报表】节点，选择【新建报表】命令。【报表名】为"航空杯注射模零件分类汇总"，【报表类型】为"三表"，如图 3-47 所示。单击【确定】按钮，退出对话框。

图 3-47　新建分类汇总报表

2. 添加表头信息查询项

右击【报表】下的【表头信息】节点，选择【添加查询项】命令，为报表添加表头信息查询项，设置如图 3-48 所示。

图 3-48　表头信息查询项设置

3. 添加内容信息列

右击【报表】下的【内容信息】节点，选择【添加列】命令，为报表添加内容信息列，设置如图 3-49 所示。

项目3 航空杯注射模工艺汇总

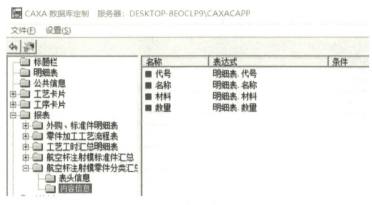

图 3-49 内容信息列设置

4．设置分类条件

右击【航空杯注射模零件分类汇总】节点，选择【编辑报表】命令，弹出【编辑报表】对话框。单击【编辑报表】对话框左上角的【分类】图标，弹出【分类】对话框。右击【分类列表】节点，选择【新建分类】命令，如图 3-50 所示，在随后弹出的【新建分类】对话框中输入【分类名称】为"标准件"，如图 3-51 所示。单击【确定】按钮，完成"标准件"分类节点创建。

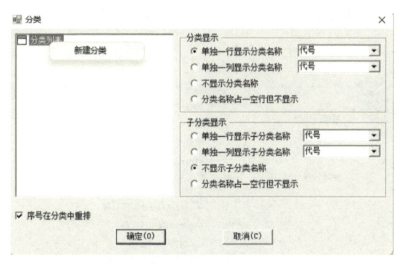

图 3-50 新建分类

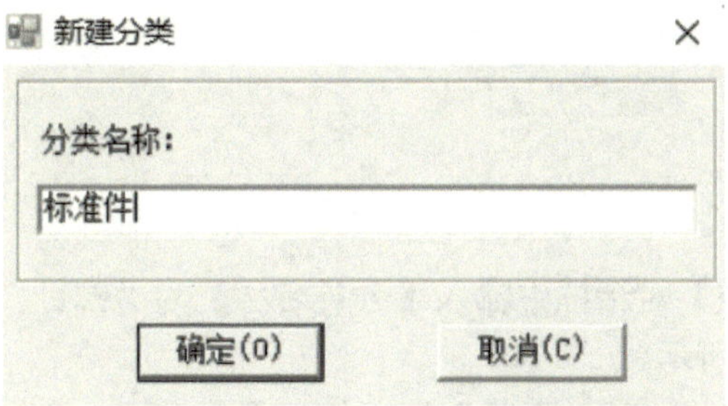

图 3-51 新建"标准件"分类

采用同样的方法建立"外购件"和"自产件"分类，创建完成后如图 3-52 所示。

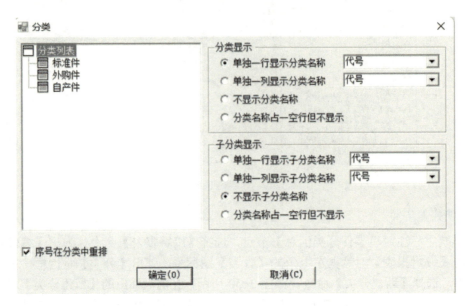

图 3-52　创建多个分类

为"标准件"分类新建子分类。右击【标准件】节点，选择【新建子分类】命令，如图 3-53 所示。

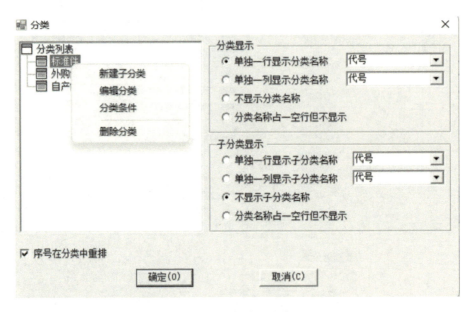

图 3-53　新建子分类

在弹出的【新建子分类】对话框中输入【分类名称】为"铆钉"，单击【确定】按钮，完成子分类的创建，如图 3-54 所示。

采用同样的方法创建"螺钉""弹簧"和"销钉"子分类，创建完成后如图 3-55 所示。

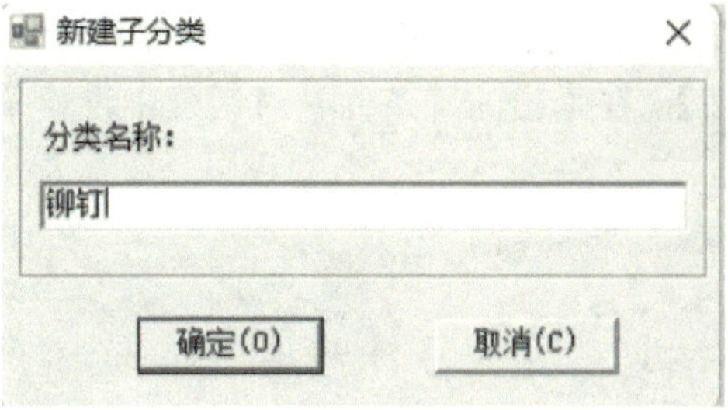

图 3-54 "铆钉"子分类的创建

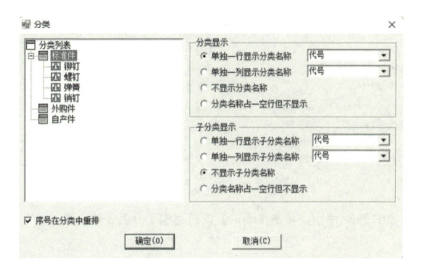

图 3-55 "标准件"子分类的创建

5. 设置各分类的数据筛选条件

以"标准件"下的"铆钉"子分类条件设置为例说明如下。在【分类】对话框中右击【标准件】节点，在弹出的快捷菜单中选择【分类条件】命令，弹出【条件】对话框，单击其下方的【添加条件】按钮，设置分类条件如图 3-56 所示。

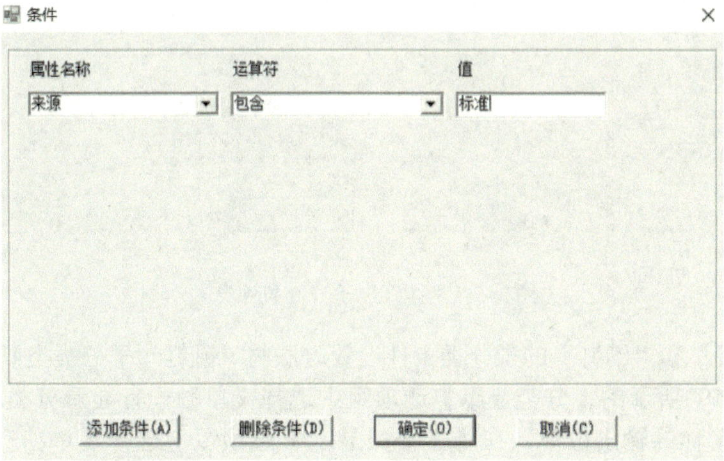

图 3-56 "标准件"分类条件设置

接着设置【铆钉】节点的子分类条件。在【分类】对话框中右击【铆钉】节点，在弹出的快捷菜单中选择【子分类条件】，在弹出的【条件】对话框中设置条件。

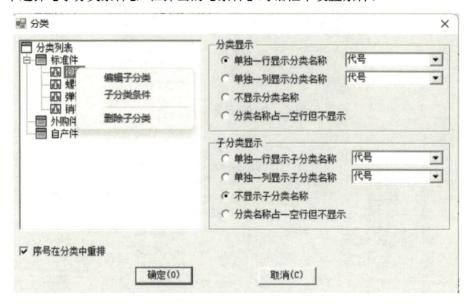

图 3-57　创建"铆钉"子分类条件

设置的条件如图 3-58 所示，单击【确定】按钮完成子分类条件设置。

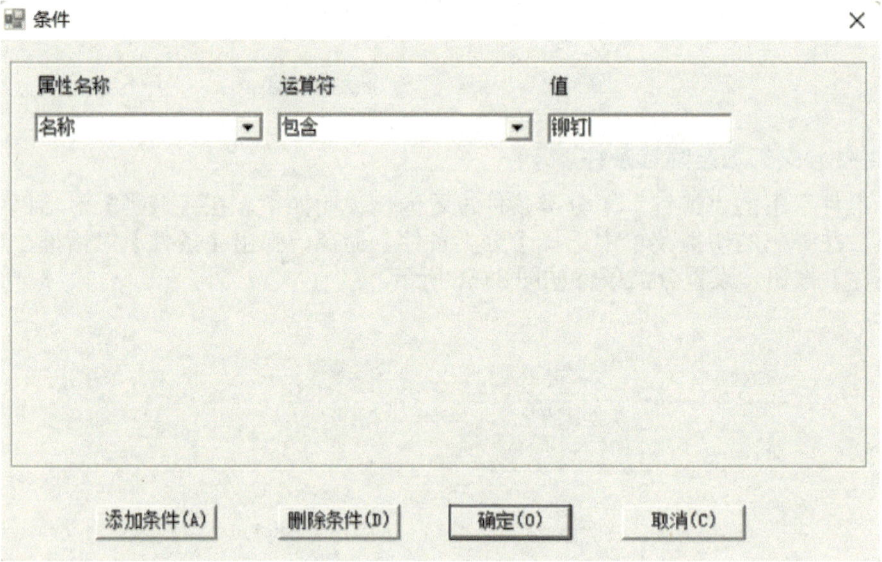

图 3-58　"铆钉"子分类条件设置

"螺钉""弹簧"和"销钉"的子分类条件设置方法与"铆钉"子分类类似。

最后在图 3-59 所示的【分类显示】选项组中选择【单独一行显示分类名称】，选择"代号"列作为分类名称的输出位置；在【子分类显示】选项组中选择【单独一行显示子分类名称】，选择"名称"所在列作为子分类名称的输出位置；勾选【序号在分类中重排】复选框以实现不同分类重新排序。单击【确定】按钮完成分类条件设置。

此时返回【编辑报表】对话框，单击【排序】按钮，进行输出排序。如图 3-60 所示，勾选"代号"前的复选框，设置排序项为"代号"，单击【确定】按钮完成排序设置，再单击【编辑报表】对话框中的【确定】按钮，完成报表设置。

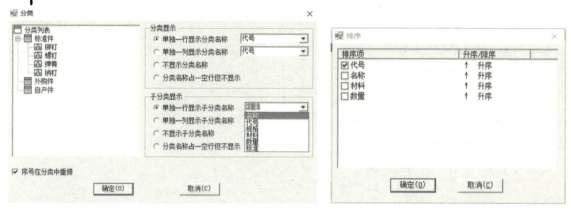

图 3-59　设置分类和子分类显示位置　　　　　　图 3-60　排序设置

6. 汇总输出

右击 CAXA 工艺汇总表界面的【航空杯注射模（Z-082）】节点，在弹出的快捷菜单中选择【汇总】命令，弹出【汇总】对话框，在左侧的【报表】节点下右击【航空杯注射模零件分类汇总】节点，在弹出的快捷菜单中选择【汇总报表】命令，得到图 3-61 所示的输出结果。

图 3-61　分类汇总输出结果

与"标准件"汇总类似，设置 Excel 输出格式，如图 3-62～图 3-64 所示。

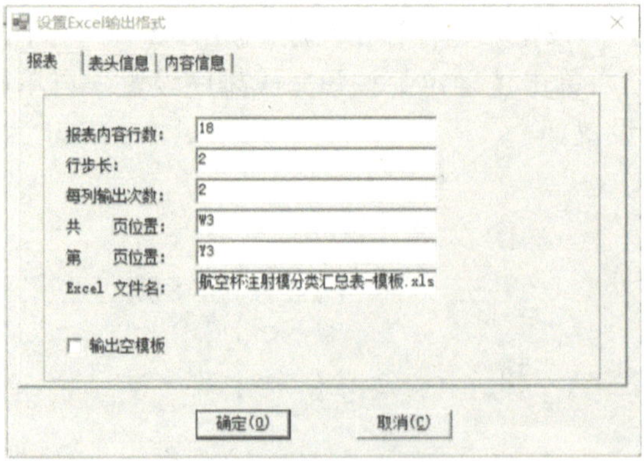

图 3-62 报表信息设置

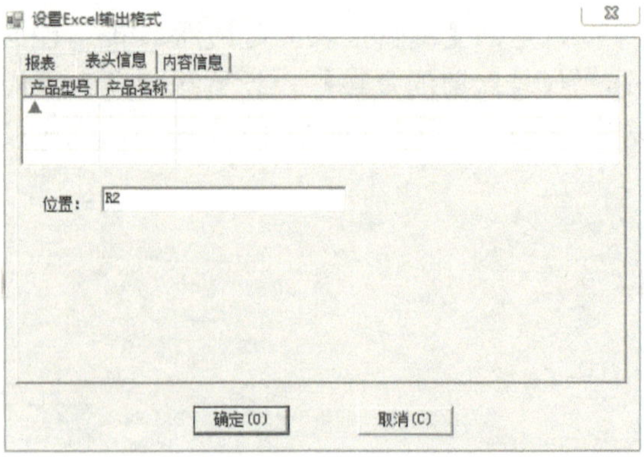

图 3-63 表头信息设置

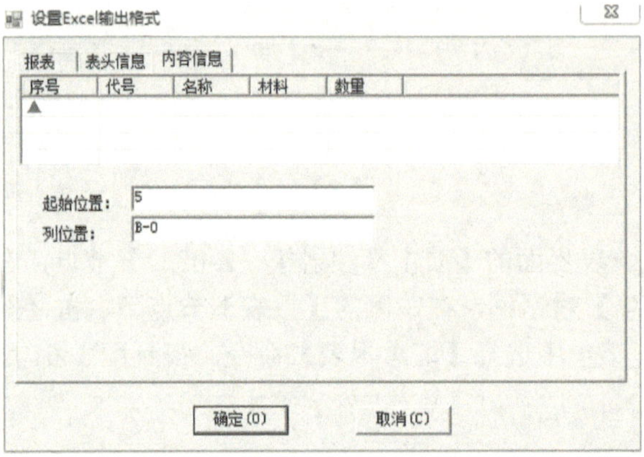

图 3-64 内容信息设置

其中图 3-64 所示列位置的输出应根据图 3-46 所示的 Excel 文件确定，即一行中每个属性输出两列，因此须用“-”连接两个输出列。最后输出的 Excel 文件如图 3-65 所示。

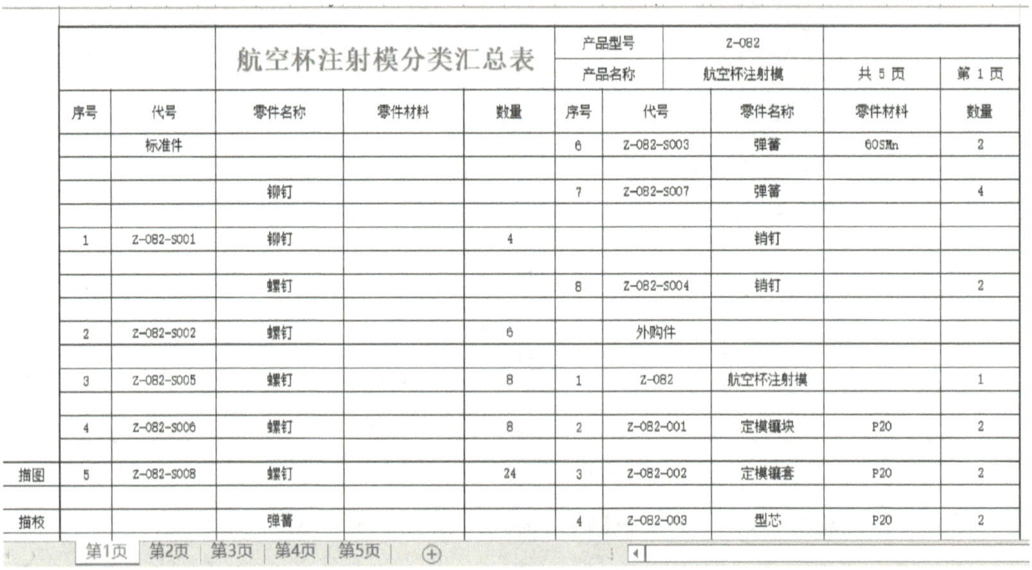

			航空杯注射模分类汇总表			产品型号	Z-082			
						产品名称	航空杯注射模		共 5 页	第 1 页
	序号	代号	零件名称	零件材料	数量	序号	代号	零件名称	零件材料	数量
		标准件				6	Z-082-S003	弹簧	60SMn	2
			铆钉			7	Z-082-S007	弹簧		4
	1	Z-082-S001	铆钉		4			销钉		
			螺钉			8	Z-082-S004	销钉		2
	2	Z-082-S002	螺钉		6		外购件			
	3	Z-082-S005	螺钉		8	1	Z-082	航空杯注射模		1
	4	Z-082-S006	螺钉		8	2	Z-082-001	定模镶块	P20	2
描图	5	Z-082-S008	螺钉		24	3	Z-082-002	定模镶套	P20	2
描校			弹簧			4	Z-082-003	型芯	P20	2

第1页 第2页 第3页 第4页 第5页

图 3-65 分类汇总的 Excel 输出文件

3.2.3 工时定额汇总

根据图 3-66 所示的航空杯注射模工时定额汇总 Excel 文件，进行汇总输出。

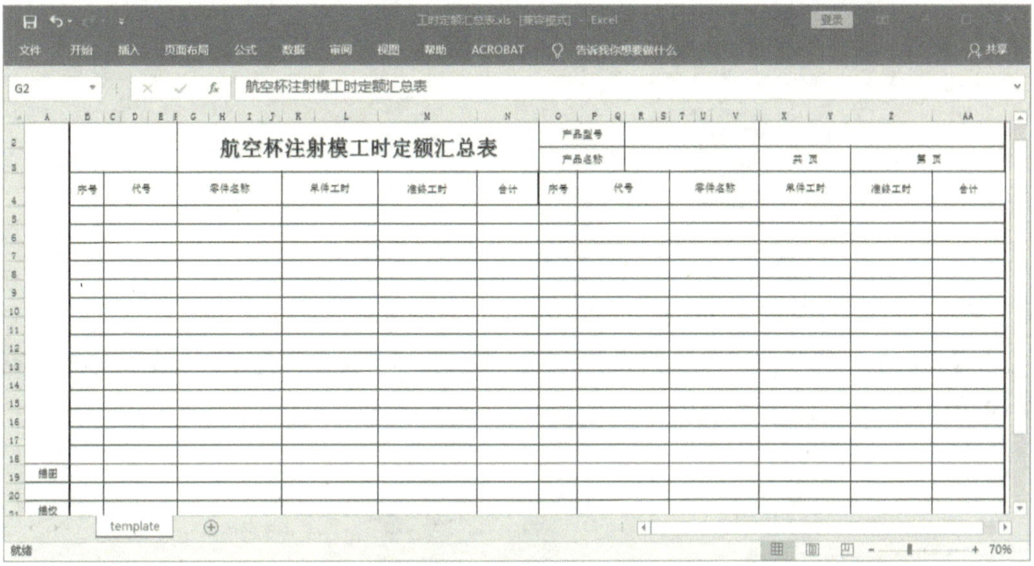

图 3-66 工时定额汇总表

3-11 工时定额汇总

1. 新建报表

在 CAXA 数据库定制界面右击【报表】节点，选择【新建报表】命令。【报表名】为"航空杯注射模工时定额汇总"，【报表类型】为"工时定额汇总表"，如图 3-67 所示。单击【确定】按钮，退出对话框。

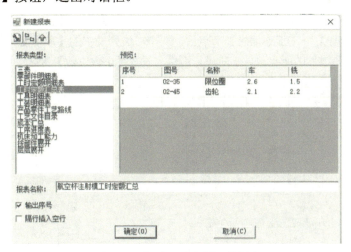

图 3-67 新建工时定额汇总报表

2. 添加表头信息查询项

右击【报表】下的【表头信息】节点，选择【添加查询项】命令，为报表添加表头信息查询项，设置如图 3-68 所示。

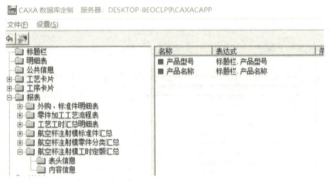

图 3-68　表头信息查询项设置

3. 添加内容信息列

右击【报表】下的【内容信息】节点，选择【添加列】命令，为报表添加内容信息列，设置如图 3-69 所示。

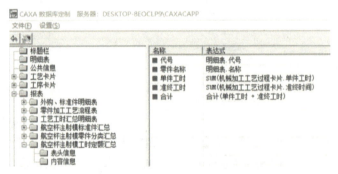

图 3-69　内容信息列设置

其中，"单件工时"列的设置方法如图 3-70 所示。单击【添加列】对话框中的【工艺卡片】→【机械加工工艺过程卡片】→【工序信息】节点后，双击右边列表中的【单件工时】后再单击【求和】按钮 Σ ，因为需要对该零件的所有单件工时进行汇总。设置【小数位数】为2。单击【确定】按钮。

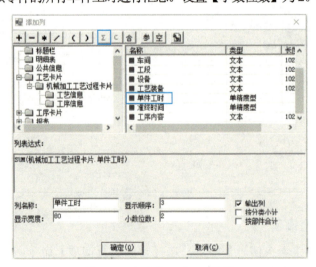

图 3-70　"单件工时"列设置

"准终工时"列添加方法与"单件工时"列类似，其设置如图 3-71 所示。

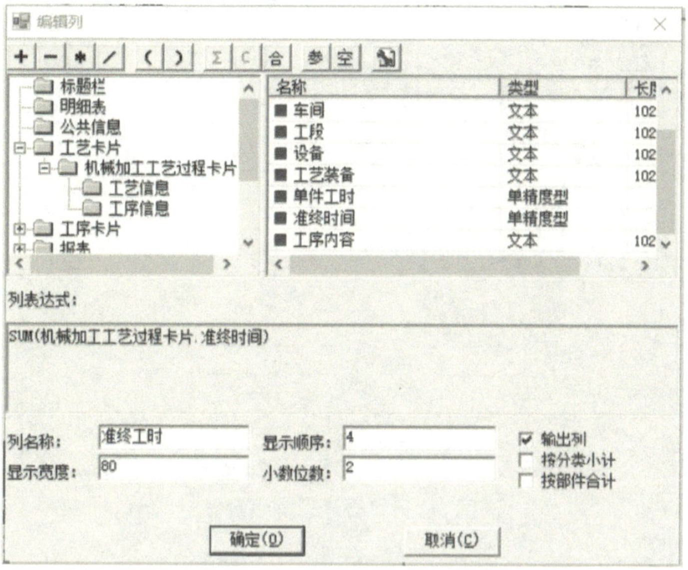

图 3-71 "准终工时"列设置

对于"合计"列的设置，应在【添加列】对话框中单击 按钮，在弹出的图 3-72 所示【合并】对话框中勾选【单件工时】和【准终工时】复选框，并选择下方的【按列合并】单选按钮（注意：此处由于每个零件只有一行数据，选择【按零件合并】也是可以的），如图 3-72 所示。

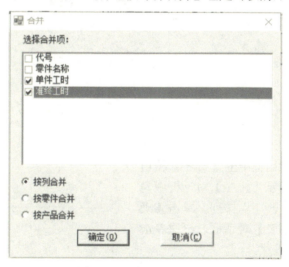

图 3-72 "合计"列设置 1

单击图 3-72 所示的【确定】按钮返回【添加列】对话框，在【列名称】处输入"合计"，如图 3-73 所示，设置【小数位数】为 2，单击【确定】按钮完成"合计"列的创建。

4．设置数据筛选条件

右击【航空杯注射模工时定额汇总】节点后在弹出的快捷菜单中选择【编辑报表】命令，在【编辑报表】对话框中单击【条件】按钮 ，设置数据筛选条件，如图 3-74 所示，单击【确定】按钮返回【编辑报表】对话框。

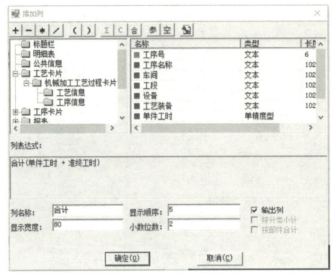

图 3-73 "合计"列设置 2

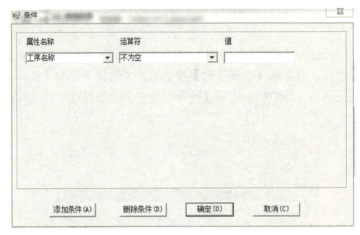

图 3-74 数据筛选条件设置

单击【编辑报表】对话框中的【排序】按钮，在弹出的图 3-75 所示【排序】对话框中勾选【代号】复选框，按"升序"排列。单击【确定】按钮，返回【编辑报表】对话框，再次单击【确定】按钮，完成报表设置。

5. 汇总输出

右击 CAXA 工艺汇总表界面的【航空杯注射模（Z-082）】节点，在弹出的快捷菜单中选择【汇总】命令，弹出图 3-34 所示的【汇总】界面，在左侧的【报表】节点下右击【航空杯注射模工时定额汇总】节点，在弹出的快捷菜单中选择【汇总报表】命令，得到图 3-76 所示的汇总输出结果。

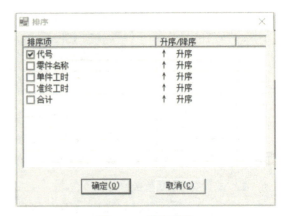

图 3-75 数据排序

序号	代号	零件名称	单件工时	准终工时	合计
1	Z-082-001	定模镶块	4.80	4.80	9.60
2	Z-082-002	定模镶套	10.70	8.10	18.80
3	Z-082-003	型芯	2.16	2.26	4.42
4	Z-082-004	动模镶套	2.50	2.40	4.90
5	Z-082-005	隔水片	3.10	4.00	7.10
6	Z-082-006	定模板	5.20	5.50	10.70
7	Z-082-007	动模板	7.40	8.50	15.90
8	Z-082-008	定模垫板	3.80	4.00	7.80
9	Z-082-009	支撑板	3.10	3.60	6.70
10	Z-082-010	定模座板	3.90	4.50	8.40
11	Z-082-011	垫块	3.40	4.00	7.40
12	Z-082-012	垫块	7.40	8.50	15.90
13	Z-082-013	定位圈	1.16	1.26	2.42
14	Z-082-014	推杆	2.06	2.06	4.12
15	Z-082-015	连结杆	2.20	2.27	4.47
16	Z-082-016	螺纹套	3.60	3.40	7.00
17	Z-082-017	阀杆	3.30	3.50	6.80
18	Z-082-018	管接头	3.60	3.80	7.40
19	Z-082-020	支撑柱	4.50	4.60	9.10
20	Z-082-021	管接头	3.50	3.80	7.30

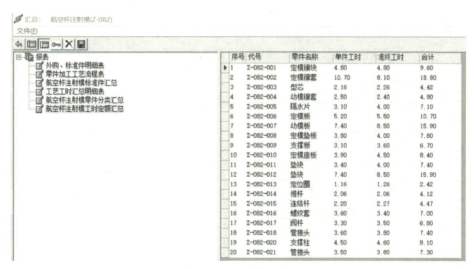

图 3-76　汇总输出结果

设置 Excel 输出格式，如图 3-77～图 3-79 所示。

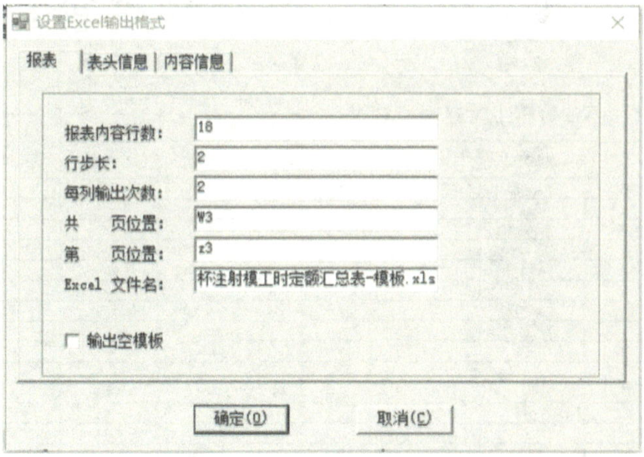

图 3-77　报表输出格式设置

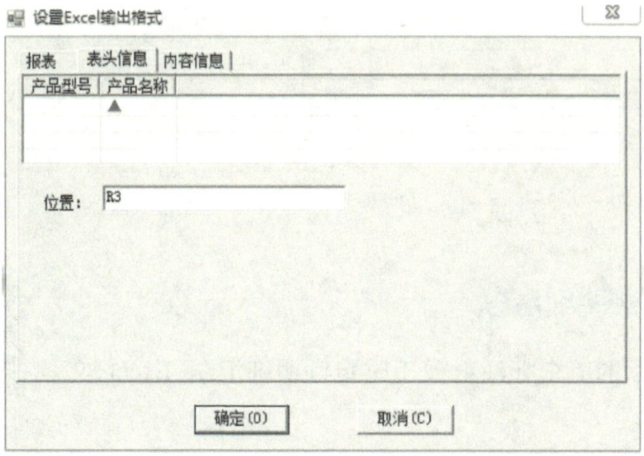

图 3-78　表头输出格式设置

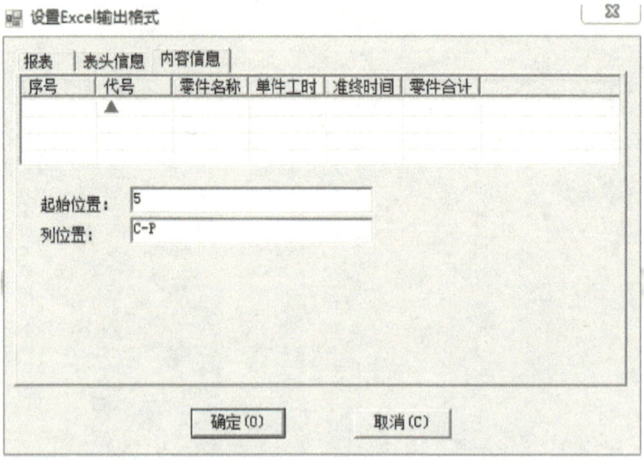

图 3-79　内容信息输出设置

最后输出的 Excel 文件如图 3-80 所示。

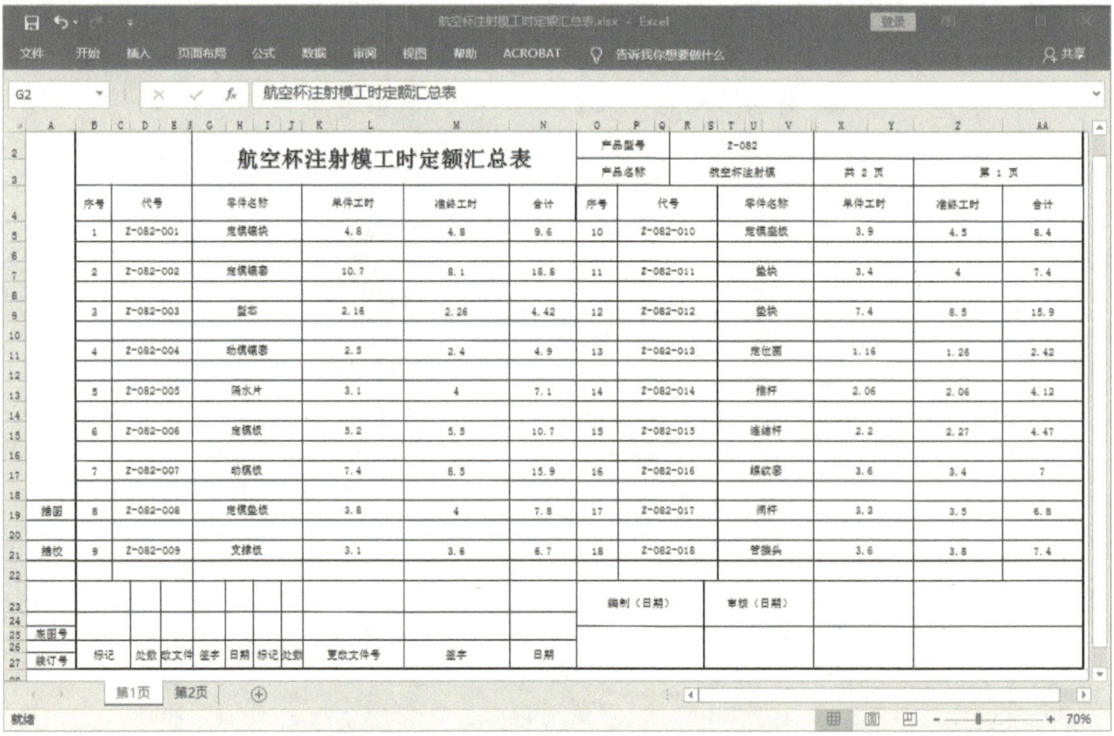

图 3-80　工时定额汇总 Excel 输出文件

3.2.4　工时定额明细汇总

3-12
工时定额明细汇总

根据图 3-81 所示的航空杯注射模工时定额明细汇总 Excel 文件，进行汇总输出。

1. 新建报表

在 CAXA 数据库定制界面右击【报表】节点，选择【新建报表】命令。

【报表名称】为"航空杯注射模工时定额明细汇总",【报表类型】为"工时定额明细表",如图 3-82 所示。单击【确定】按钮,退出对话框。

图 3-81　工时定额明细汇总表

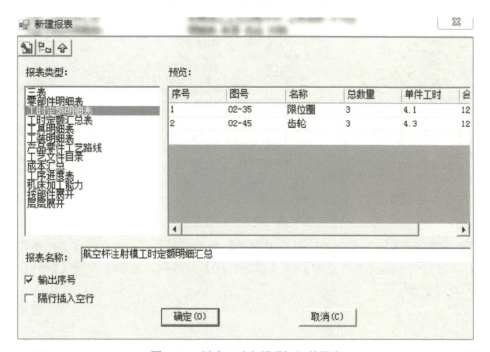

图 3-82　新建工时定额明细汇总报表

2. 添加表头信息查询项

右击【报表】下的【表头信息】节点，选择【添加查询项】命令，为报表添加表头信息查询项，设置如图 3-83 所示。

图 3-83　表头信息查询项设置

3. 添加内容信息列

右击【报表】下的【内容信息】节点，选择【添加列】命令，为报表添加内容信息列，设置如图 3-84 所示。

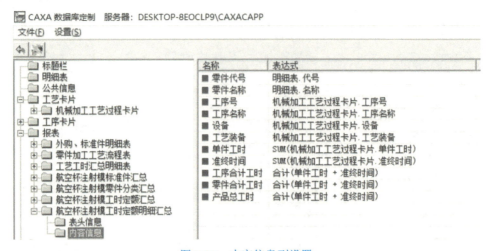

图 3-84　内容信息列设置

其中，"工序合计工时"列添加应在【添加列】对话框中单击 按钮，在弹出的图 3-85 所示【合并】对话框中勾选【单件工时】和【准终时间】复选框，单击下方的【按列合并】单选按钮，如图 3-85 所示。

项目3 航空杯注射模工艺汇总

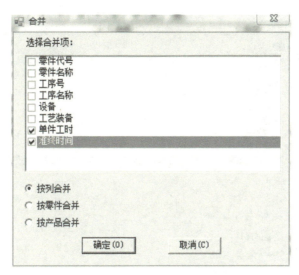

图 3-85 "工序合计工时"列添加

单击【确定】按钮返回到【添加列】对话框，在【列名称】处输入"工序合计工时"，如图 3-86 所示，设置【小数位数】为 2，单击【确定】按钮完成"工序合计工时"列的创建。

同样，"零件合计工时"列添加应在【添加列】对话框中单击 合 按钮，在弹出的图 3-87 所示【合并】对话框中勾选【单件工时】和【准终时间】复选框，单击下方的【按零件合并】单选按钮，如图 3-87 所示。

图 3-86 "工序合计工时"列设置

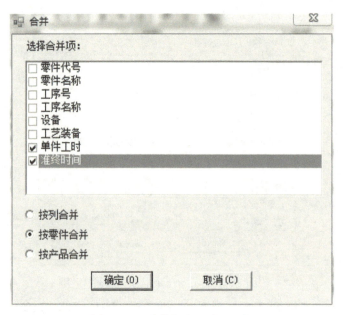

图 3-87 "零件合计工时"添加

单击【确定】按钮返回到【添加列】对话框，在【列名称】处输入"零件合计工时"，如图 3-88 所示，设置【小数位数】为 2，单击【确定】按钮完成"零件合计工时"列的创建。

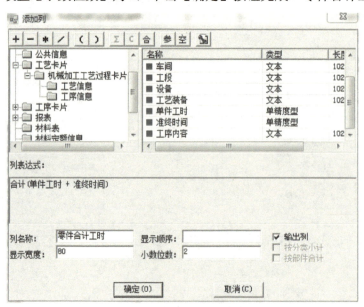

图 3-88 "零件合计工时"列设置

添加"产品总工时"列。在【添加列】对话框中单击 按钮，在弹出的图 3-89 所示【合并】对话框中勾选【单件工时】和【准终时间】复选框，单击下方的【按产品合并】单选按钮。

单击【确定】按钮返回到【添加列】对话框，在【列名称】处输入"产品总工时"，如图 3-90 所示，设置【小数位数】为 2，单击【确定】按钮完成"产品总工时"列的创建。

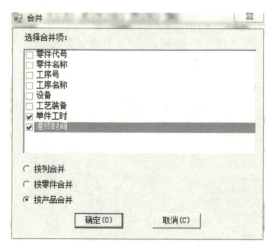

图 3-89 "产品总工时"列添加

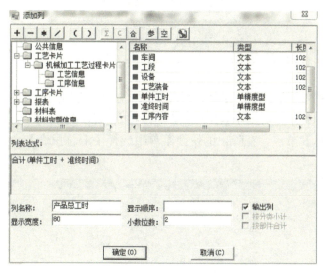

图 3-90 "产品总工时"列设置

4. 设置数据筛选条件

右击"航空杯注射模工时定额汇总"节点，在弹出的快捷菜单中选择【编辑报表】命令，在【编辑报表】对话框中单击【条件】按钮，设置数据筛选条件，如图 3-91 所示，单击【确定】按钮返回【编辑报表】对话框。

图 3-91 数据筛选条件设置

单击【编辑报表】对话框中的【排序】按钮，在弹出的图 3-92 所示【排序】对话框中勾选【零件代号】复选框，按"升序"排列。单击【确定】按钮，返回【编辑报表】对话框，再次单击【确定】按钮，完成报表设置。

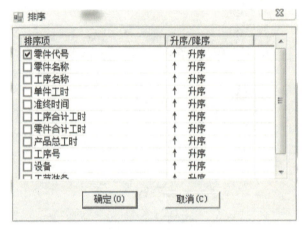

图 3-92　数据排序

5. 汇总输出

右击 CAXA 工艺汇总表界面的【航空杯注射模（Z-082）】节点，在弹出的快捷菜单中选择【汇总】命令，弹出图 3-34 所示的【汇总】界面，在左侧的【报表】节点下，右击【航空杯注射模工时定额明细汇总】节点，在弹出的快捷菜单中选择【汇总报表】命令，得到图 3-93 所示的汇总输出结果。

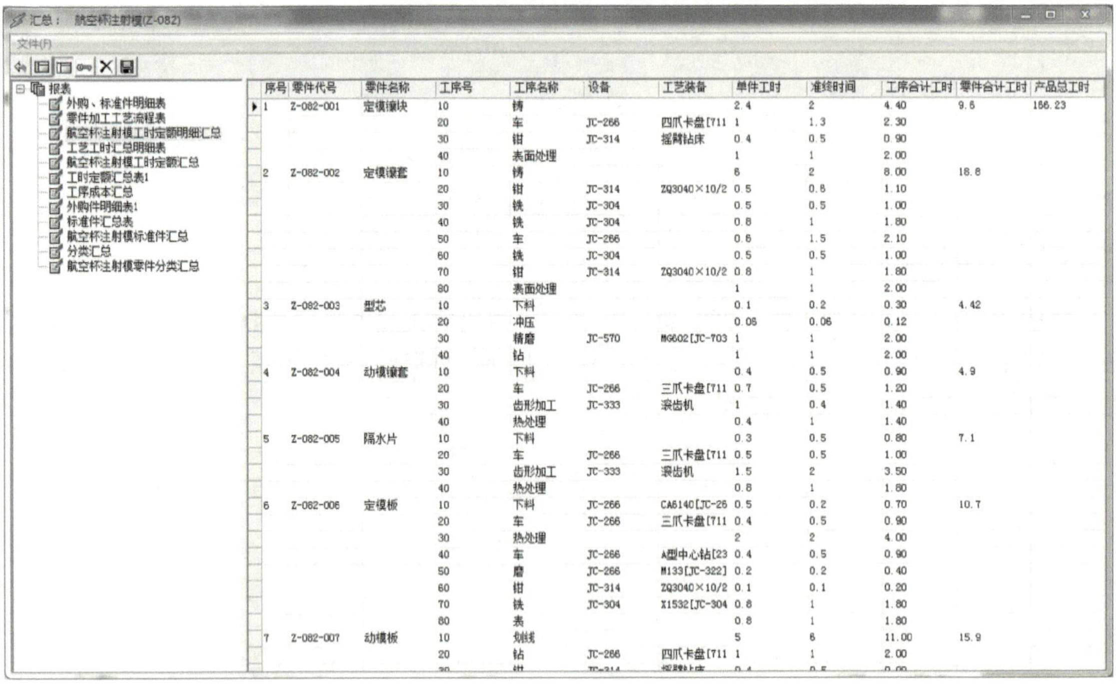

图 3-93　汇总输出

设置 Excel 输出格式，如图 3-94～图 3-96 所示。

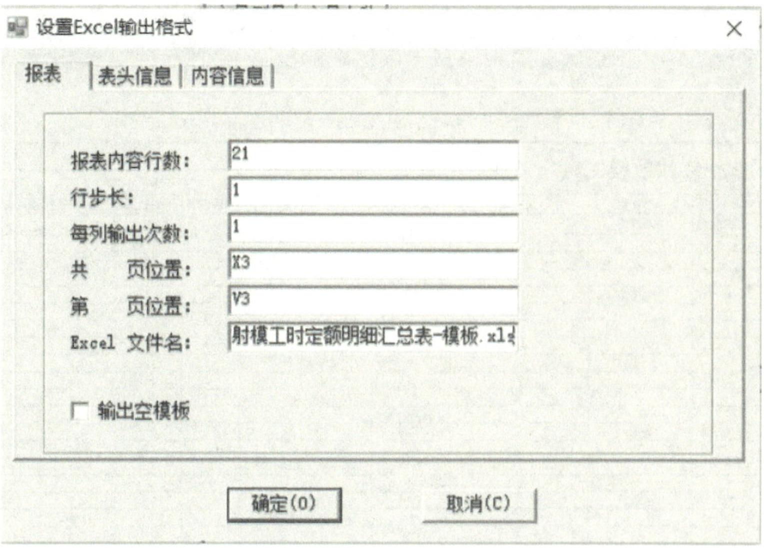

图 3-94　报表输出格式设置

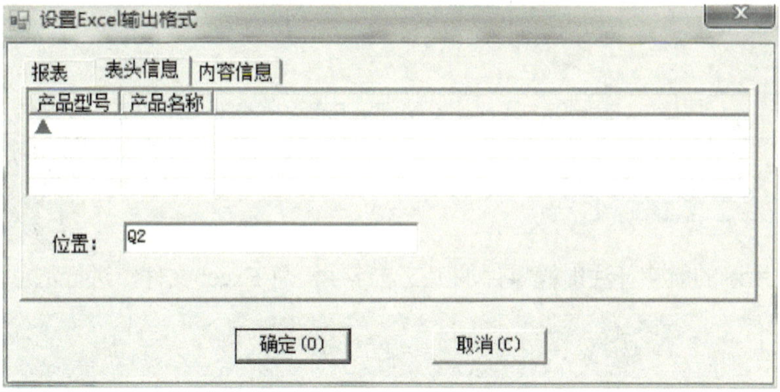

图 3-95　表头输出格式设置

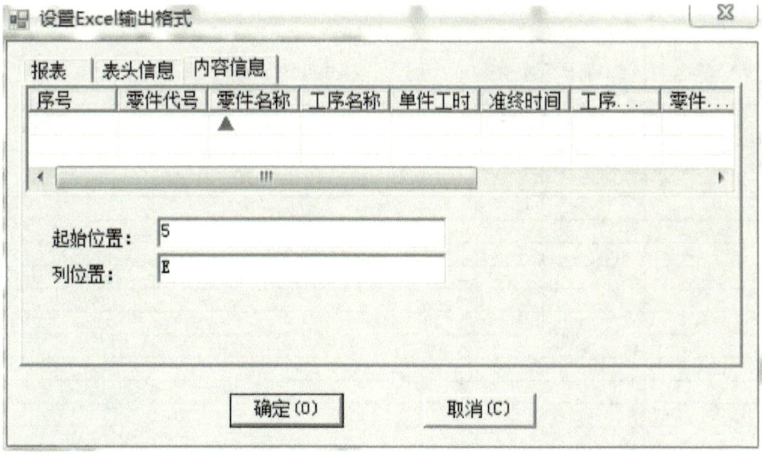

图 3-96　内容信息输出设置

最后输出的 Excel 文件如图 3-97 所示。

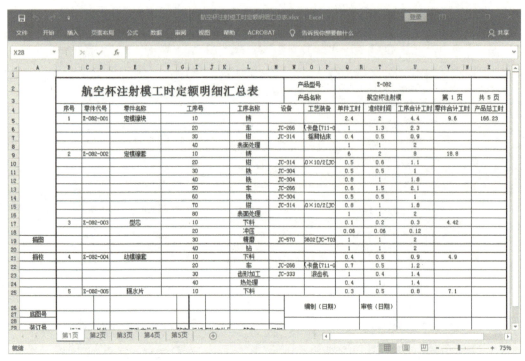

图 3-97　工时定额明细汇总 Excel 输出文件

3.2.5　加工工艺路线汇总

根据图 3-98 所示的航空杯注射模零件加工工艺路线汇总 Excel 文件，进行汇总输出。

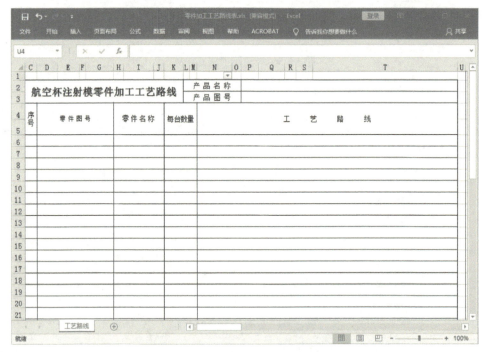

图 3-98　零件加工工艺路线汇总表

1. 新建报表

在 CAXA 数据库定制界面右击【报表】节点，选择【新建报表】命令。

【报表名称】为"航空杯注射模零件加工工艺路线汇总"，【报表类型】为"产品零件工艺路线"，如图 3-99 所示。单击【确定】按钮，退出对话框。

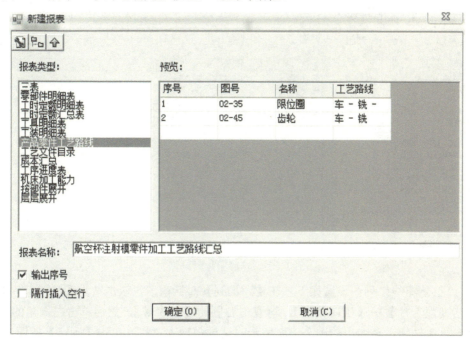

图 3-99 新建零件加工工艺路线汇总报表

2. 添加表头信息查询项

右击【报表】下的【表头信息】节点，选择【添加查询项】命令，为报表添加表头信息查询项，设置如图 3-100 所示。

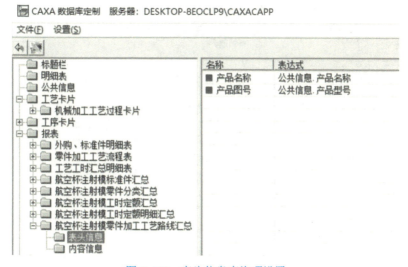

图 3-100 表头信息查询项设置

3. 添加内容信息列

右击【报表】下的【内容信息】节点，选择【添加列】命令，为报表添加内容信息列，设置如图 3-101 所示。

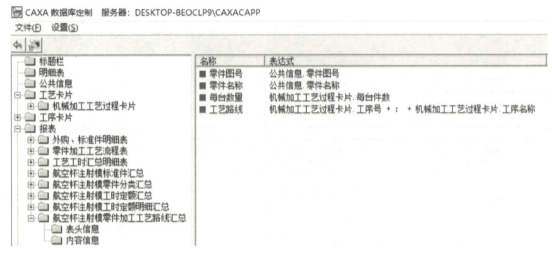

图 3-101　内容信息列设置

其中，"工艺路线"列的设置如下，在【添加列】对话框下，双击节点【工艺卡片】→【机械加工工艺过程卡片】→【工序信息】，再双击右侧的【工序号】，然后单击左上角的 + 按钮，再单击上方的 参 按钮，在弹出的图 3-102 所示对话框中输入":"，单击【确定】按钮。

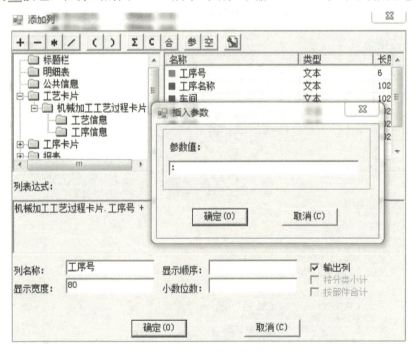

图 3-102　工艺路线列参数添加

再次单击左上角的 + 按钮后，双击右侧的【工序名称】，设置【列名称】为"工艺路线"，

【显示顺序】为 4,【显示宽度】为 500。单击【确定】按钮,完成"工艺路线"列的添加,如图 3-103 所示。

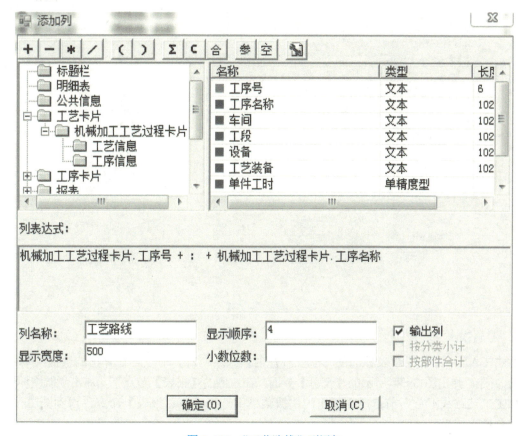

图 3-103 "工艺路线"列添加

4. 设置数据筛选条件

右击"航空杯注射模工艺路线汇总"节点,在弹出的快捷菜单中选择【编辑报表】命令,在【编辑报表】对话框中单击【条件】按钮,设置数据筛选条件,如图 3-104 所示,单击【确定】按钮返回【编辑报表】对话框。

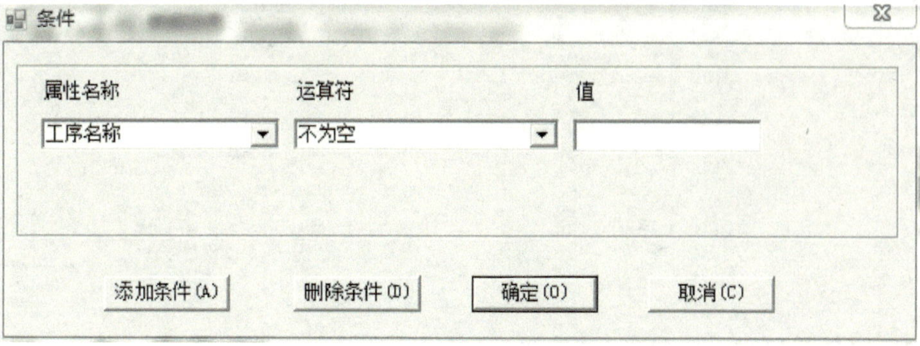

图 3-104 数据筛选条件设置

单击【编辑报表】对话框的【排序】按钮,在弹出的图 3-105 所示【排序】对话框中勾选【零件图号】复选框,按"升序"排列。单击【确定】按钮,返回【编辑报表】对话框,再次单击【确定】按钮,完成报表设置。

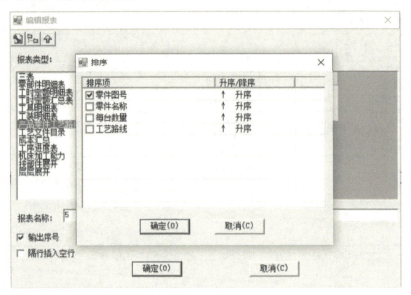

图 3-105　数据排序

5. 汇总输出

右击 CAXA 工艺汇总表界面的【航空杯注射模（Z-082）】节点,在弹出的快捷菜单中选择【汇总】命令,弹出图 3-34 所示的【汇总】界面。在左侧的【报表】节点下,右击"航空杯注射模零件加工工艺路线汇总"节点,在弹出的快捷菜单中选择【汇总报表】命令,得到图 3-106 所示的汇总输出结果。

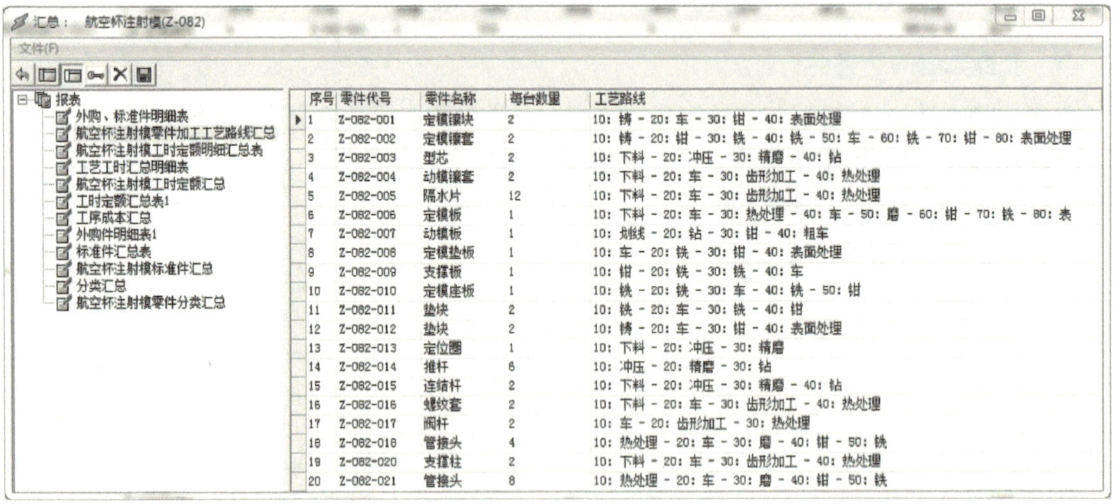

图 3-106　汇总输出结果

设置 Excel 输出格式,如图 3-107～图 3-109 所示。

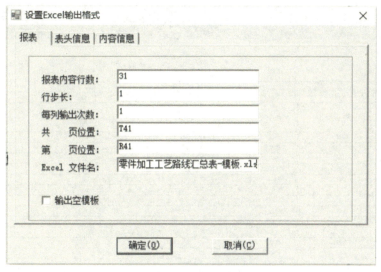

图 3-107　报表输出信息设置

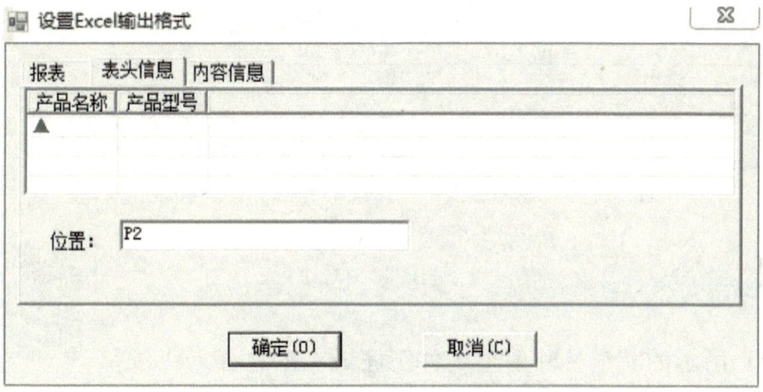

图 3-108　报表表头信息设置

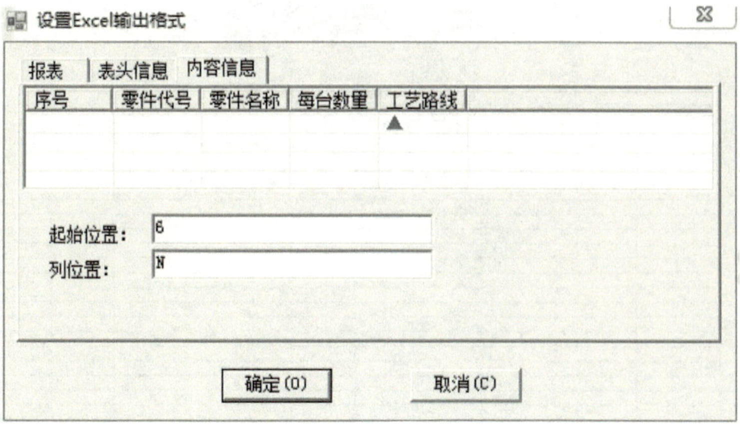

图 3-109　报表内容信息设置

最后输出的 Excel 文件如图 3-110 所示。

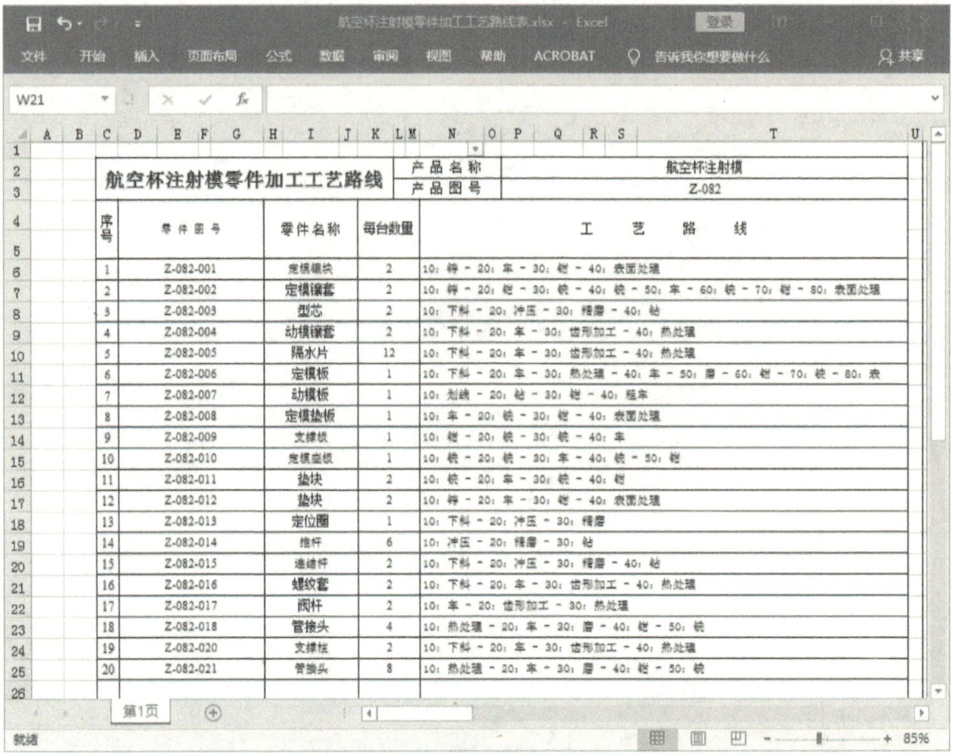

图 3-110　零件加工工艺路线的 Excel 汇总输出文件

3.2.6　工序成本汇总

根据图 3-111 所示的航空杯注射模零件工序成本汇总 Excel 文件，进行汇总输出。

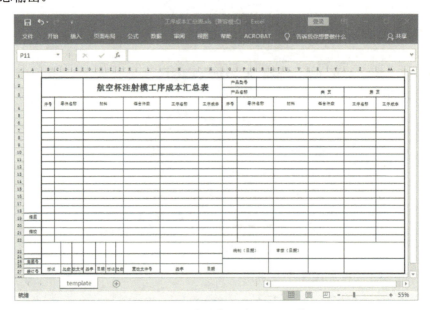

图 3-111　工序成本汇总 Excel 文件

1. 新建报表

在 CAXA 数据库定制界面右击【报表】节点，选择【新建报表】命令。【报表名称】为"航空杯注射模零件工序成本汇总"，【报表类型】为成本汇总，如图 3-112 所示。单击【确定】按钮，退出对话框。

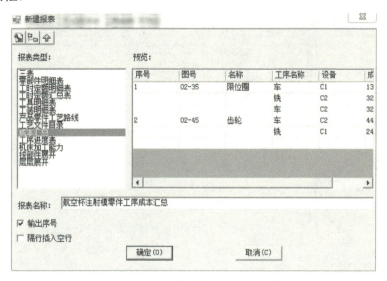

图 3-112　新建零件工序成本汇总报表

2. 添加表头信息查询项

右击【报表】下的【表头信息】节点，选择【添加查询项】命令，为报表添加表头信息查询项，设置如图 3-113 所示。

图 3-113　表头信息查询项设置

3. 添加内容信息列

右击【报表】下的【内容信息】节点，选择【添加到】命令，为报表添加内容信息列，设置如图 3-114 所示。

图 3-114　内容信息列设置

4. 设置工序成本价格

每个企业的工序成本价格不同，因此需要用户根据企业标准进行设置。右击【工序成本】节点，在弹出的快捷菜单中选择【设置工序连接属性】命令，在随后弹出的【设置工序连接属性】对话框中单击【选择】按钮，如图 3-115 所示。

图 3-115　【设置工序连接属性】对话框

在弹出的【选择属性】对话框中，单击【机械加工工艺过程卡片】下【工序信息】中的【工序名称】，如图 3-116 所示。

单击【确定】按钮后返回【设置工序连接属性】对话框，单击【确定】按钮完成设置。单击数据库定制界面下的【基础数据录入】图标，如图 3-117 所示。

图 3-116 选择属性　　　　　　　　　图 3-117 基础数据录入

进入【基础数据录入】界面，右击【工序成本】节点，在弹出的快捷菜单中选择【添加数据】命令，如图 3-118 所示。

图 3-118 添加数据

在随后弹出的图 3-119 所示【添加数据[工序成本]】对话框中，输入工序名称、工序成本，单击【保存】按钮，当输入所有的工序成本数据后，单击【退出】按钮。

工序成本数据录入完成后的界面，如图 3-120 所示。

5．设置数据筛选条件

右击【航空杯注射模零件工序成本汇总】

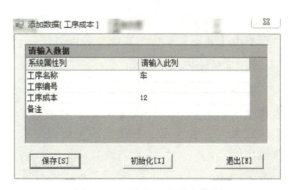

图 3-119 录入工序成本数据

节点，在弹出的快捷菜单中选择【编辑报表】命令，在【编辑报表】对话框中单击【条件】按钮，设置数据筛选条件，如图 3-121 所示，单击【确定】按钮返回【编辑报表】对话框。

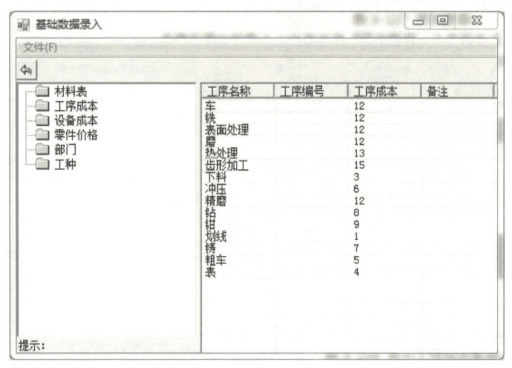

图 3-120　工序成本数据录入完成

图 3-121　数据筛选条件设置

单击【编辑报表】对话框中的【排序】按钮，在弹出的图 3-122 所示【排序】对话框中勾选【工序成本】复选框，按"升序"排列。单击【确定】按钮，返回【编辑报表】对话框，再次单击【确定】按钮，完成报表设置。

6. 汇总输出

右击 CAXA 工艺汇总表界面的【航空杯注射模（Z-082）】节点，在弹出的快捷菜单中选择【汇总】命令，弹出【汇总】对话框，在左侧的【报表】节点下，右击【航空杯注射模工序成本汇总】节点，在弹出的快捷菜单中选择【汇总报表】命令，得到图 3-123 所示的汇总输出结果。

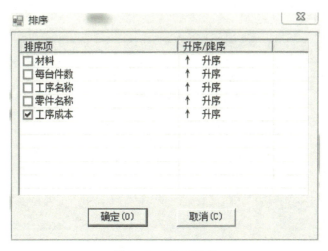

图 3-122　数据排序

序号	材料	每台件数	工序名称	零件名称	工序成本
1	45	1	下料	定位圈	0.3
			冲压		0.36
2	P20	2	下料	型芯	0.6
3	45	2	下料	连结杆	0.6
4	P20	2	冲压	型芯	0.72
5	45	1	钳	定模板	0.9
6	45	2	冲压	连结杆	1.2
7	45	1	下料	定模板	1.5
8	45	6	冲压	推杆	2.16
9	45	2	下料	动模镶套	2.4
10	45	2	下料	螺纹套	2.4
11	45	2	下料	支撑柱	2.4
12	45	1	磨	定模板	2.4
			表		3.2
13	45	1	钳	动模板	3.6
14	45	4	钳	管接头	3.6
15	45	1	钳	支撑板	4.5
16	45	1	粗车	动模板	5
			划线		5
17	45	1	铣	定模垫板	6
18	P20	2	钳	定模镶块	7.2
19	45	8	钳	管接头	7.2
20	45	1	钳	定模座板	7.2
21	45	1	钳	定模垫板	7.2
22	45	2	钳	垫块	7.2
23	45	1	钻	动模板	8
24	45	1	车	定模板	9.6
			铣		9.6
25	45	2	车	螺纹套	9.6

图 3-123　汇总输出结果

设置 Excel 输出格式，如图 3-124～图 3-126 所示。

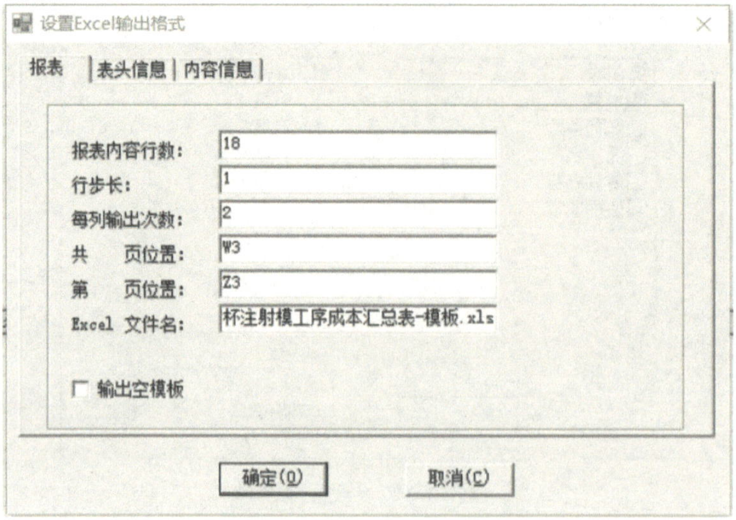

图 3-124　报表输出信息设置

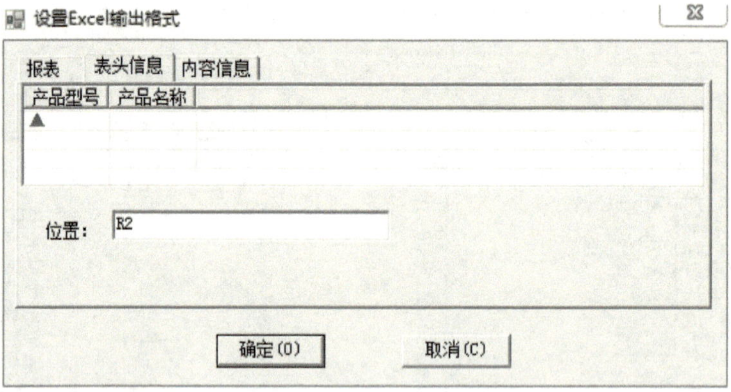

图 3-125　报表表头信息设置

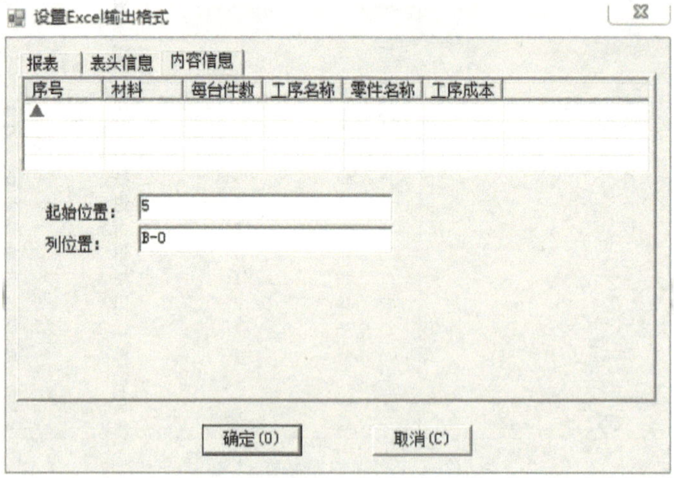

图 3-126　报表内容信息设置

最后输出的 Excel 文件如图 3-127 所示。

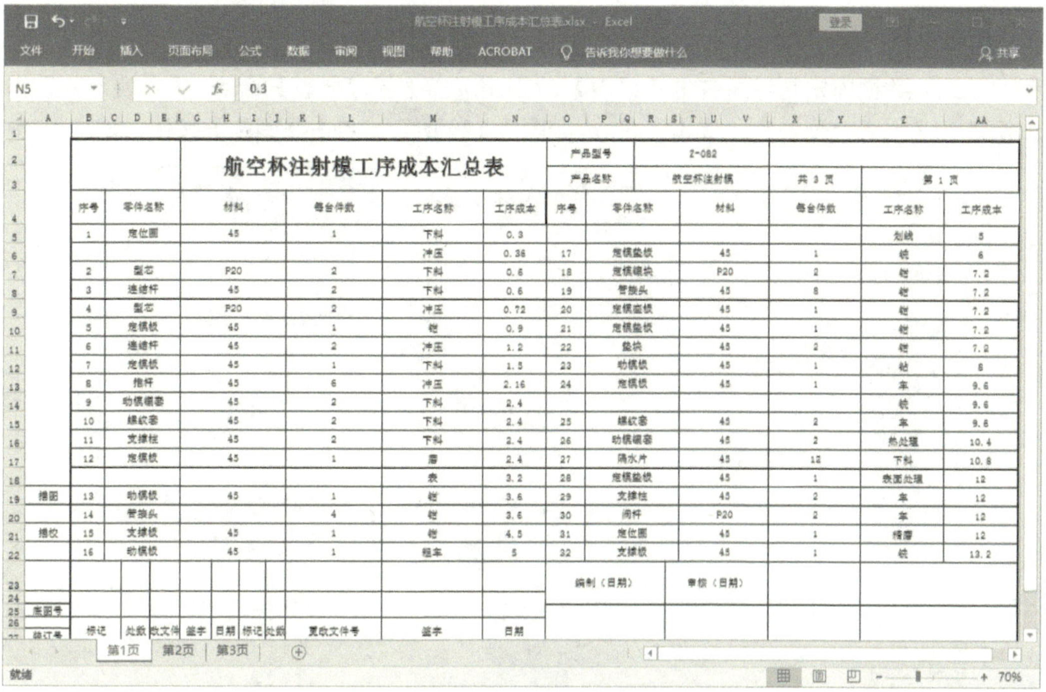

图 3-127　零件工序成本 Excel 汇总输出文件

3.2.7　设备成本汇总

3-15
设备成本汇总

根据图 3-128 所示的设备成本汇总 Excel 文件，进行汇总输出。

图 3-128　设备成本汇总 Excel 文件

1. 新建报表

在 CAXA 数据库定制界面右击【报表】节点,选择【新建报表】命令。【报表名称】为"设备成本汇总",【报表类型】为"成本汇总",如图 3-129 所示。单击【确定】按钮,退出对话框。

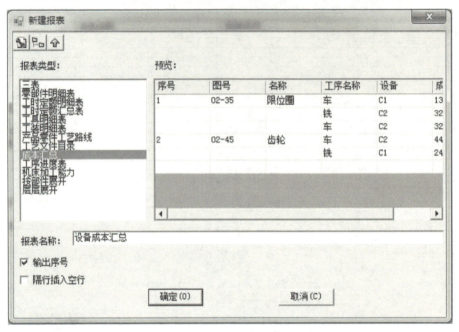

图 3-129　新建设备成本汇总报表

2. 添加表头信息查询项

右击【报表】下的【表头信息】节点,选择【添加查询项】命令,为报表添加表头信息查询项,设置如图 3-130 所示。

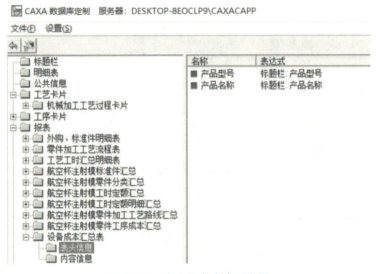

图 3-130　表头信息查询项设置

3．添加内容信息列

右击【报表】下的【内容信息】节点，选择【添加列】命令，为报表添加内容信息列，设置如图 3-131 所示。

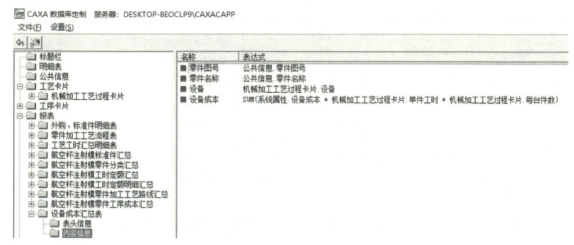

图 3-131　内容信息列设置

4．设置设备成本价格

每个企业的设备成本价格不同，因此需要用户根据企业情况进行设置。右击【设备成本】节点命令，在弹出的快捷菜单中选择【设置设备连接属性】命令，在随后弹出的【设置设备连接属性】对话框中单击【选择】按钮，如图 3-132 所示。

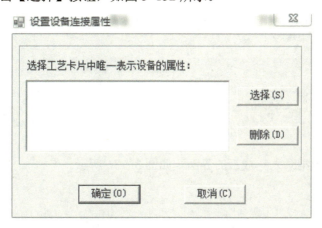

图 3-132　【设置设备连接属性】对话框

在【选择属性】对话框中，单击【机械加工工艺过程卡片】下【工序信息】中的【设备】。如图 3-133 所示。

单击【确定】按钮后返回【设置设备连接属性】对话框，单击【确定】按钮完成设置。单击数据库定制界面下的【基础数据录入】图标，如图 3-134 所示。

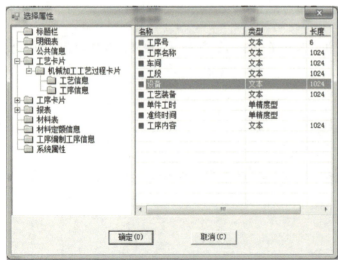
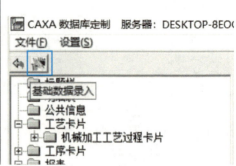

图 3-133 【选择属性】对话框　　　　图 3-134 基础数据录入

进入【基础数据录入】界面，右击【设备成本】节点，在弹出的快捷菜单中选择【添加数据】命令，在随后弹出的图 3-135 所示【添加数据[设备成本]】对话框中，输入设备名称、设备型号以及设备成本，单击【保存】按钮，当输入所有的设备成本数据后，单击【退出】按钮。

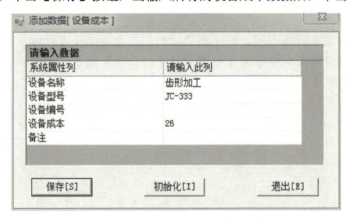

图 3-135 录入设备成本数据

以下是设备成本数据录入完成后的界面，如图 3-136 所示。

图 3-136 设备成本数据录入完成

5. 设置数据筛选条件

右击【设备成本汇总】节点，在弹出的菜单中选择【编辑报表】命令，在【编辑报表】对话框中单击【条件】按钮，设置数据筛选条件，如图 3-137 所示，单击【确定】按钮返回【编辑报表】对话框。

图 3-137　数据筛选条件设置

单击【编辑报表】对话框中的【排序】按钮，在弹出的图 3-138 所示【排序】对话框中勾选【零件图号】复选框，按"升序"排列。单击【确定】按钮，返回【编辑报表】对话框，再次单击【确定】按钮，完成报表设置。

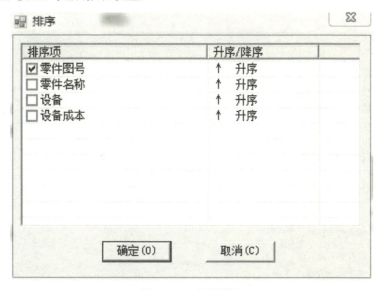

图 3-138　数据排序

6. 汇总输出

右击 CAXA 工艺汇总表界面的【航空杯注射模（Z-082）】节点，在弹出的快捷菜单中选择【汇总】命令，弹出【汇总】界面，在左侧的【报表】节点下，右击【设备成本汇总】节点，在弹出的快捷菜单中选择【汇总报表】命令，得到图 3-139 所示的汇总输出结果。

设置 Excel 输出格式，如图 3-140～图 3-142 所示。

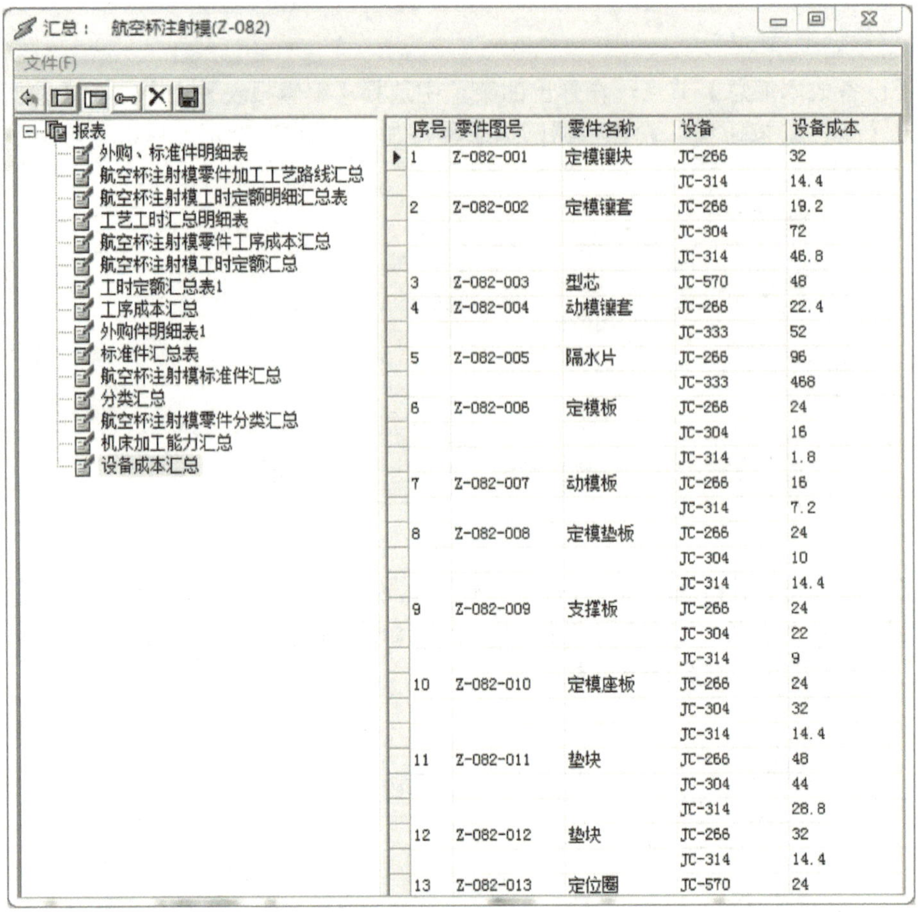

图 3-139 汇总输出结果

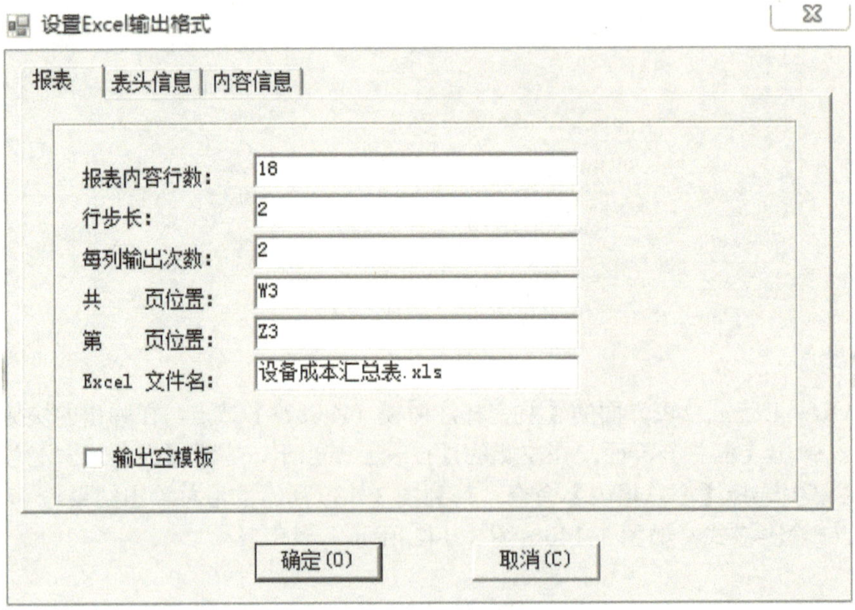

图 3-140 报表输出信息设置

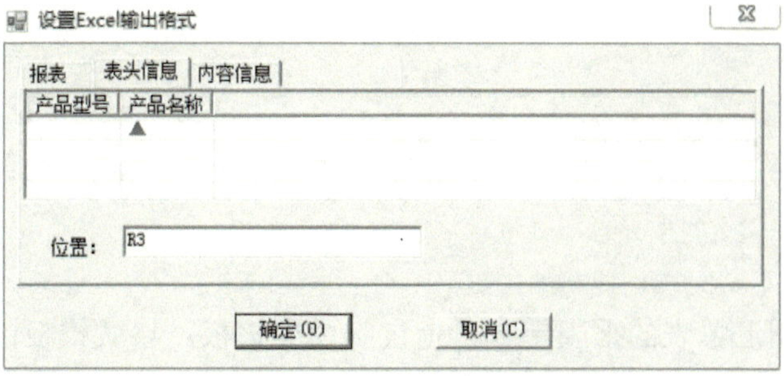

图 3-141　报表表头信息设置

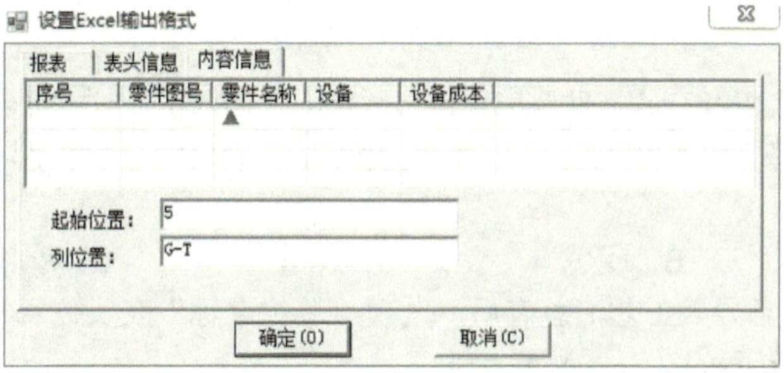

图 3-142　报表内容信息设置

最后输出的 Excel 文件如图 3-143 所示。

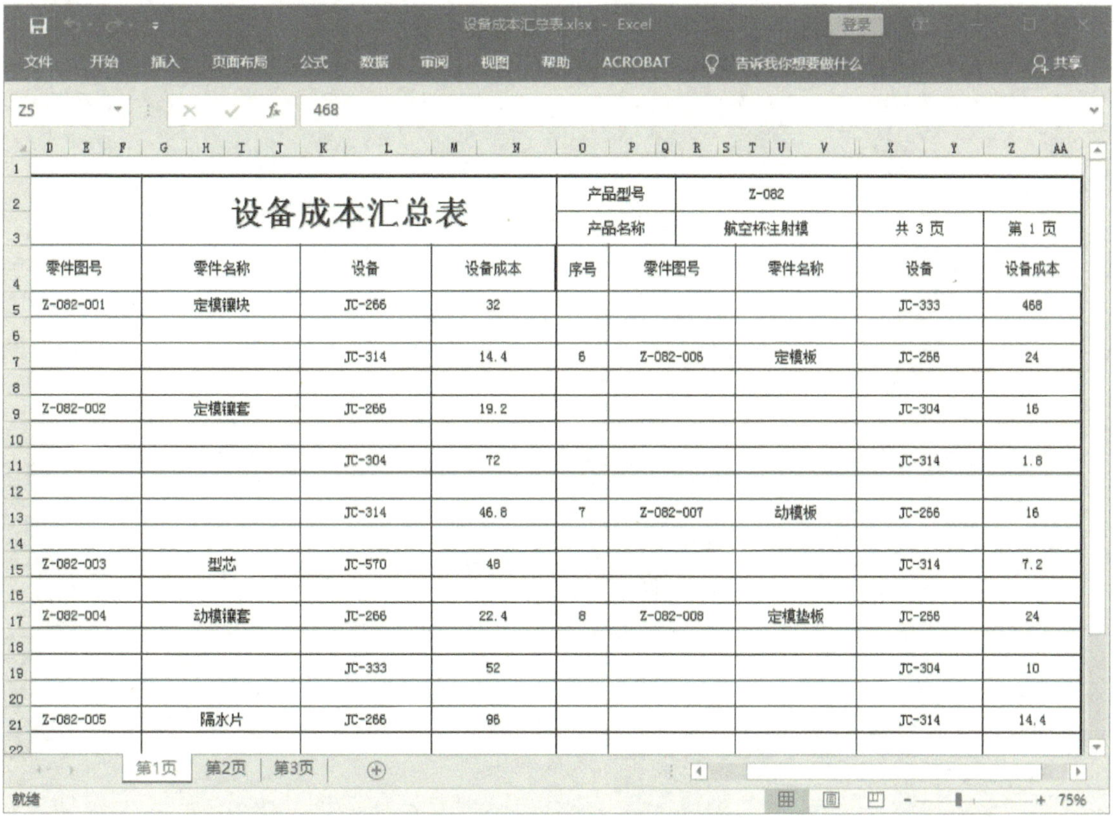

设备成本汇总表				产品型号	Z-082			
				产品名称	航空杯注射模		共 3 页	第 1 页
零件图号	零件名称	设备	设备成本	序号	零件图号	零件名称	设备	设备成本
Z-082-001	定模镶块	JC-266	32				JC-333	468
		JC-314	14.4	6	Z-082-006	定模板	JC-266	24
Z-082-002	定模镶套	JC-266	19.2				JC-304	16
		JC-304	72				JC-314	1.8
		JC-314	46.8	7	Z-082-007	动模板	JC-266	16
Z-082-003	型芯	JC-570	48				JC-314	7.2
Z-082-004	动模镶套	JC-266	22.4	8	Z-082-008	定模垫板	JC-266	24
		JC-333	52				JC-304	10
Z-082-005	隔水片	JC-266	96				JC-314	14.4

图 3-143　设备成本的 Excel 汇总输出文件

【习题】

一、判断题

1. CAXA 工艺图汇总表的报表定制只是定制内容模板，格式模板的定制需要用户自行绘制。（　　）
2. 在航空杯注射模标准件汇总表中，单位名称数据来自装配图的明细表。（　　）

二、选择题

1. 标准件汇总表输出 Excel 文件要实现输出数据隔行插入空行时，可以采用（　　）操作。
①编辑报表，选择【隔行插入空行】。②设置 Excel 输出的行步长为 2。③设置 Excel 输出的列输出次数为 2。

　　A．①②③　　　　B．①③　　　　C．①②　　　　D．②③

2. 标准件汇总信息导入工艺汇总表后，发现"单位名称"表头信息缺失，应将其添加在下列 CAXA 数据库定制界面的（　　）节点下。

　　A．标题栏　　　　B．明细表　　　　C．公共信息　　　　D．报表

三、简答题

1. 简述向工艺汇总表中导入 CAD 和 CAPP 数据的步骤。
2. "三表"指的是哪三类工艺数据汇总表格？

项目 4　口罩成型机工艺编制汇总综合实训

教学目标

知识目标：
1. 掌握根据图样信息分析产品加工工艺并进行数字化工艺编制的方法。
2. 掌握工艺模板定制要求的分析思路。
3. 掌握标题栏、明细栏信息转化为可导入、可汇总工艺数据的方法。

能力目标：
1. 掌握采用 CAXA CAPP 工艺图表进行卡片模板定制、工艺规程模板集定制的方法。
2. 掌握利用工程知识管理库进行相关知识库的创建，系统知识库数据的添加和引用。
3. 掌握利用 CAXA CAPP 工艺图表和工程知识管理库进行工艺规程编制和数据输入的方法。
4. 掌握利用 CAXA CAPP 工艺汇总表进行工艺规程各类数据的汇总和输出。

素养目标：
1. 培养具体工艺编制项目的整体分析思路，形成良好的职业素养。
2. 建立对新技术良好的认知能力和严谨踏实的工作作风。
3. 培养使用数字化工程工具解决具体产品数字化工艺编制和关键数据汇总问题的能力。

项目分析

该项目以综合实训的方式对已有图样的产品进行工艺文件的数字化、规划与编制，通过任务分析完成已给定产品总装图标题栏和明细栏定义设置、零件图标题栏定义设置、工艺模板定制和工艺文件编制，以及对工艺规程进行数据汇总，提高利用 CAXA CAPP 软件进行工艺设计的综合能力，以更好地适应岗位需求。

任务 4.1　任务书

4.1.1　实训目的

通过两周的实训，进一步熟悉和掌握利用 CAXA CAPP 工艺图表进行工艺模板定制和工艺文件编制，工序图绘制，以及标题栏、明细栏的定义填写方法；利用工程知识管理库进行工艺知识库定制和调研；熟练掌握应用 CAXA CAPP 工艺汇总软件进行工艺数据汇总，提高工艺规程文件编制技巧，加快工艺设计速度，熟悉图样和工艺规程文件的管理方法，为以后从事相关的工艺设计和管理打下坚实基础，达到快速上岗的目的。

4.1.2 主要任务

1）标题栏、明细栏定义填写。
2）工艺模板定制。
3）工艺规程文件编制。
4）工艺规程文件数据录入。
5）工艺数据汇总输出。
6）实训小结与答辩。

4.1.3 实训内容

1）熟悉实训内容，了解实训过程和资料上交要求。
2）完成 CAD 图样标题栏及明细栏等的定义填写，完成图样信息定义。
3）完成工艺模板定制和工艺规程文件编制。
4）完成所编工艺规程文件的工艺数据汇总输出。

4.1.4 应完成和提交的文件

1）设计说明书一份：包括模板定制、绘图过程的说明，工艺规程文件编制说明，知识库定制说明，以及工艺数据汇总输出说明。截图说明设计过程，图文并茂。
2）实训小结一份：从不同工艺模板定制、知识库定制和工艺数据汇总输出遇到的问题以及如何解决问题等方面进行举例说明，并总结经过实训获得的能力提升等。
3）CAD 图样、工艺模板文件、工艺规程文件以及工艺数据汇总输出 Excel 文件。

4.1.5 任务安排

实训任务安排见表 4-1。

表 4-1 实训任务安排

周次 星期	第一周	第二周
周一	任务布置、分解，熟悉任务	工艺规程文件编制
周二	总装图标题栏、明细栏定义填写	工艺规程文件编制
周三	零件图标题栏定义填写	设计、工艺信息导入，工艺汇总数据库定制
周四	工艺模板定制	工艺数据汇总输出
周五	工艺模板定制，模板集定制	完成设计说明书、实训小结和答辩

4.1.6 答辩和资料提交

根据完成的内容情况进行答辩并上交资料，上交的资料如下。

1）*.txp 格式的工艺模板文件，*.xml 格式的工艺规程文件，*.cxp 格式的文件，*.xls 格式的工艺汇总输出文件，*.exb 格式的图纸等文件。

2）实训设计说明书 Word 文档。

3）实训小结 Word 文档。

4.1.7 成绩评定

成绩评定根据实训过程考核、日常签到以及设计说明书、实训小结和答辩情况进行综合考量，分优、良、中、及格和不及格五个等级。

任务 4.2　口罩成型机工艺编制

4.2.1 标题栏、明细栏定义填写

完成图 4-1 所示给定产品装配图的明细栏和标题栏定义及数据填写。
完成图 4-2～图 4-7 所示给定产品零件图的标题栏定义及数据填写。

1. 标题栏定义、填写

标题栏定义通过调用【定义标题栏】功能实现。

1）打开图纸，单击【图幅】选项卡【标题栏】面板的【定义标题栏】按钮。

2）按界面左下角提示，拾取组成标题栏的图形元素，包括直线、文字、属性定义等。

3）指定标题栏的基准点并确认，在弹出的【保存标题栏对话框】中输入名称，单击【确定】按钮保存。

4）然后利用【标题栏】面板按钮中的【填写】，打开【填写标题栏】对话框，进行标题栏填写，如图 4-8 所示。

在【属性值】列直接进行填写即可。如果勾选【自动填写图框上的对应属性】复选框，可以自动填写图框中与标题栏相同字段的属性信息。

2. 明细栏绘制、填写

1）单击【图幅】选项卡→【明细表】面板中的按钮【样式】后定义明细表风格，如图 4-9 所示。

2）单击【图幅】选项卡→【明细表】面板中的按钮【填写明细表】后进行数据填写，如图 4-10 所示。

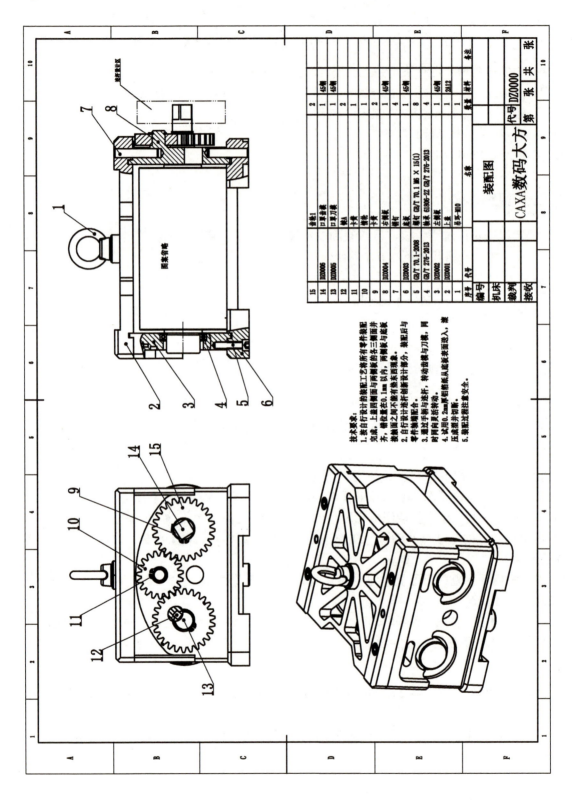

图 4-1 产品装配图

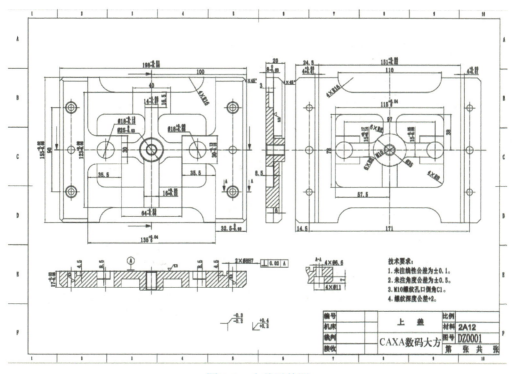

图 4-2 上盖零件图

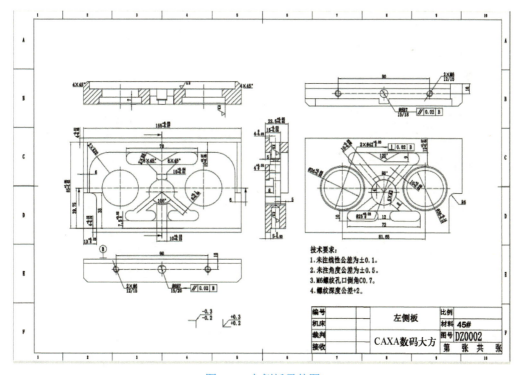

图 4-3 左侧板零件图

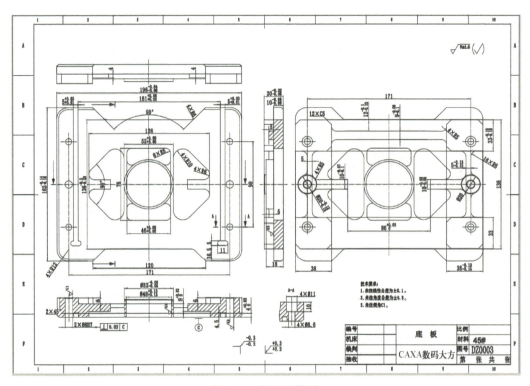

图 4-4　底板零件图

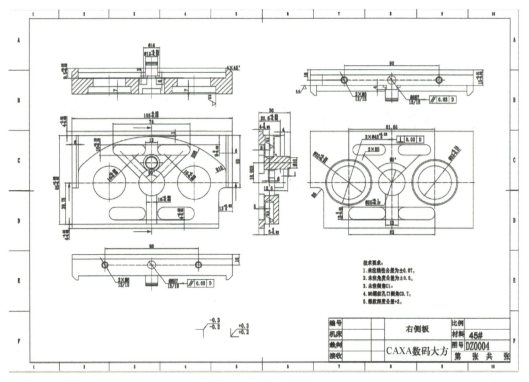

图 4-5　右侧板零件图

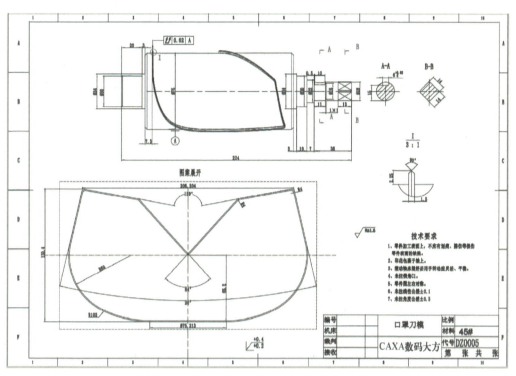

图4-6　口罩刀模零件图

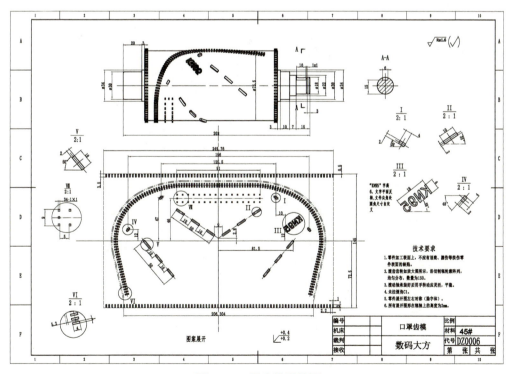

图4-7　口罩齿模零件图

图 4-8　标题栏填写

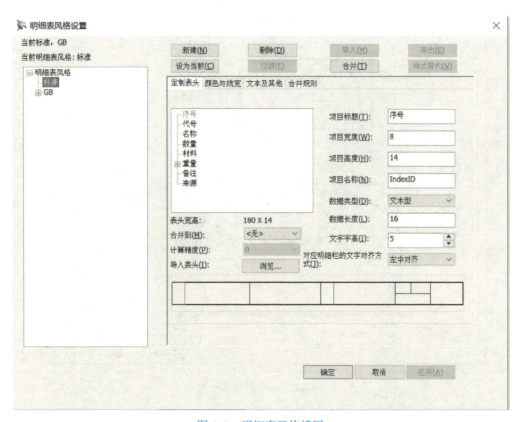

图 4-9　明细表风格填写

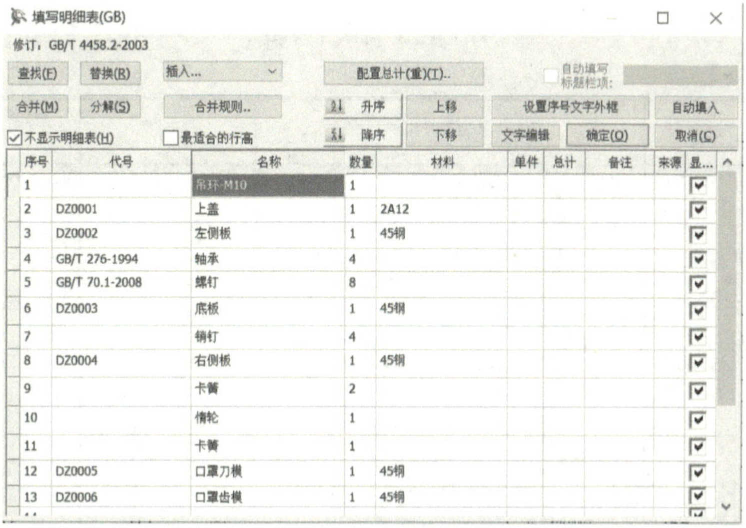

序号	代号	名称	数量	材料	单件	总计	备注	来源	显...
1		吊环-M10	1						☑
2	DZ0001	上盖	1	2A12					☑
3	DZ0002	左侧板	1	45钢					☑
4	GB/T 276-1994	轴承	4						☑
5	GB/T 70.1-2008	螺钉	8						☑
6	DZ0003	底板	1	45钢					☑
7		销钉	4						☑
8	DZ0004	右侧板	1	45钢					☑
9		卡簧	2						☑
10		惰轮	1						☑
11		卡簧	1						☑
12	DZ0005	口罩刀模	1	45钢					☑
13	DZ0006	口罩齿模	1	45钢					☑

图 4-10　明细栏数据填写

4.2.2　工艺模板定制

根据图 4-11～图 4-15 所示样板，制定【封面】、【加工目录清单】、【机械加工工艺过程卡片】、【加工工序过程卡片】以及【装配工艺卡片】模板，进行卡片图形绘制、单元格定制以及表区定制，并建立模板集。

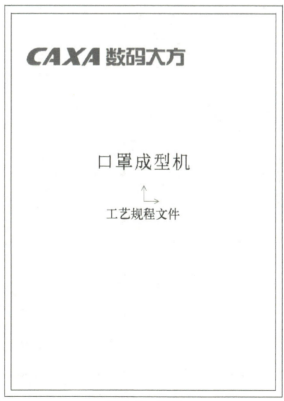

图 4-11　封面

加工目录清单

序号	零件图号	图纸名称	件数	材料	设备	备注

图 4-12　加工目录清单

机械加工工艺过程卡片

工序号	工序名称	工序内容	工位	定位基准	夹具	备注

图 4-13　加工工艺过程卡片

加工工序过程卡片

零件图号		图纸名称		工位	
工序号		工序名称		数控加工程序号	
材料		夹具		加工时间	

工步序号	工步内容	刀具号	刀具规格	主轴转速 r/min	切削速度 m/min	进给量 mm/min	切削深度 /mm

图 4-14　加工工序过程卡片

装配工艺卡片

装配图号		装配名称		工位	
工序号		工序名称		装配数量	
工艺装备		装配时间			
工步序号	装配工艺编制		调试记录		备注

图 4-15　装配工艺卡片

1）参考任务 2.1 进行口罩成型机工艺模板卡片的新建与表格绘制，绘制好的表格如图 4-16 所示。

机械加工工艺过程卡片

工序号	工序名称	工序内容	工位	定位基准	夹具	备注

图 4-16　口罩成型机工艺模板卡片

2）参考任务 2.2 的操作方法进行模板单元格、表区等的定义，如图 4-17 所示。

机械加工工艺过程卡片

工序号	工序名称	工序内容	工位	定位基准	夹具	备注

图 4-17 口罩成型机工艺模板单元格、表区等的定义

3）参考任务 2.3 将已经建立好的模板进行模板集定义，如图 4-18 所示。

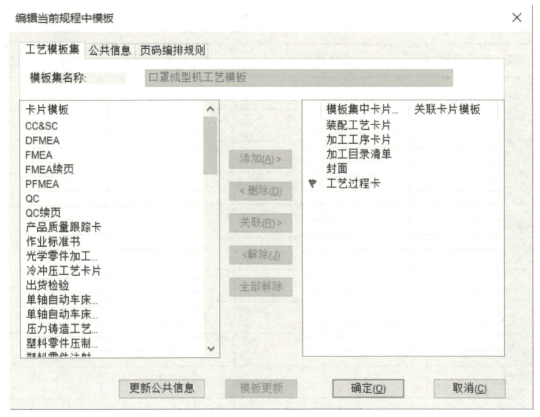

图 4-18　新建口罩成型机模板集

4.2.3　工艺规程文件编制

按照图 4-2～图 4-7 所示的零部件图纸，规划设计加工生产工序、刀具配置、切削条件等，利用 4.2.2 节已建好的模板集，在 CAPP 软件中填写【机械加工工艺过程卡片】、【加工工序过程卡片】以及【装配工艺卡片】相关内容，如图 4-19 所示。要求按规范填写，可以选择插入工程标注符号。填写【封面】、【加工目录清单】，形成完整的工艺规程文件，保存为"工艺规程文件.cxp"。具体方法参考任务 2.4 与项目 1。

4.2.4　工艺规程文件数据录入

根据任务 3.1 数据库连接以及数据导入的操作方法，将 4.2.1 节定义的 CAD 图样设计信息、4.2.3 节编制的工艺数据信息进行导入，如图 4-20 所示，并且参考 3.2.1 节进行数据库定制相关操作，对数据库中未包含但须汇总输出的属性信息进行添加。

4.2.5　工艺规程文件汇总输出

根据完成编制的工艺规程文件，使用系统自带的汇总表模板输出标准件汇总、分类明细汇总、以及零件加工工艺路线汇总等工艺数据汇总表格，如图 4-21 所示，最终汇总数据以 Excel 文件输出，具体方法参考任务 3.2。

机械加工工艺过程卡片

工序号	工序名称	工序内容	工位	定位基准	夹具	备注
1	上盖正面加工	加工图纸平面轮廓要素、螺纹、槽、倒角等		毛坯三个直角面	平口钳	
2	上盖反面加工	加工图纸平面轮廓要素、槽、倒角等		正面、左侧面	平口钳	
3	左侧板正面加工	加工平面轮廓、槽、倒角等		毛坯三个直角面	平口钳	
4	左侧板反面加工	加工平面轮廓、槽、倒角等		正面、中心	平口钳	
5	左侧板右侧面加工	加工平面轮廓、槽、倒角等		正面、反面	平口钳	
6	左侧板左侧面加工	加工平面轮廓、槽、倒角等		正面、反面	平口钳	
7	底板反面加工	加工平面轮廓、槽、倒角等		中心定位	平口钳	
8	底板正面加工	加工平面轮廓、槽、倒角等		中心定位	平口钳	
9	右侧板正面加工	加工平面轮廓、槽、倒角等		毛坯三个直角面	平口钳	
10	右侧板反面加工	加工平面轮廓、槽、倒角等		正面、中心	平口钳	
11	右侧板右侧面加工	加工平面轮廓、槽、倒角等		正面、反面	平口钳	
12	右侧板左侧面加工	加工平面轮廓、槽、倒角等		正面、反面	平口钳	
13	刀模加工	加工刀模、槽、倒角等		中心定位	三爪卡盘	
14	齿模加工	加工槽、倒角、模齿等		中心定位	三爪卡盘	
15	装配				台虎钳等	

图 4-19 口罩成型机加工工艺编制

图 4-20　口罩成型机工艺数据信息导入

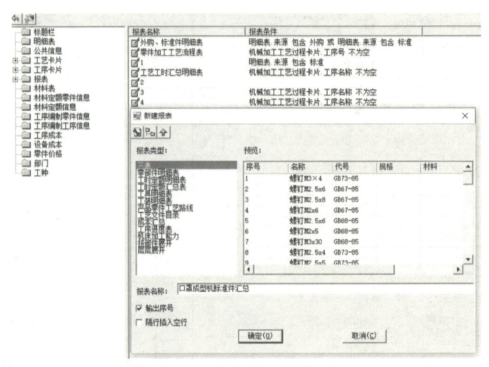

图 4-21　口罩成型机工艺信息汇总

【习题】

一、判断题

1．为实现在工艺汇总表中进行 BOM 基础数据的导入，需要手动在 CAD 装配图中定义明

细表信息。（　　）

2．标题栏与明细表均以块的形式定义。（　　）

二、选择题

1．口罩成型机工艺编制与汇总的流程是（　　）。
①填写工艺规程文件。②定义图样信息。③汇总数据。④定义工艺模板。
　　A．①②④③　　　B．④①③②　　　C．④①②③　　　D．②③④①

2．可以将哪些信息定义为口罩成型机的公共信息（　　）。
　　A．零件图号　　　B．图样名称　　　C．工序号　　　D．工序名称

三、简答题

1．在输出口罩成型机中的标准件汇总表格时，如何准确筛选出标准件？

2．绘制标题栏时的基准点应如何选取？

参 考 文 献

[1] 祝勇仁. CAPP 技术与实施[M]，北京：机械工业出版社，2011.
[2] 北京数码大方科技有限公司． CAXA 电子图板用户手册[Z]． 2018.
[3] 北京数码大方科技有限公司． CAXA 工艺图表用户手册[Z]． 2022.
[4] 北京数码大方科技有限公司 CAXA 工艺汇总表用户手册[Z]． 2022.